中小型网络构建与管理

郭　颖　主　编

李冬海　潘　柳　副主编

张恒升　林博韬　参　编

电子工业出版社

Publishing House of Electronics Industry

北京·BEIJING

内 容 简 介

本书采用项目教学理念，循序渐进地以家庭网络、办公网络、园区网络三大项目为背景，按照项目设计、实施、测试、管理及维护 5 个阶段的工作过程组织内容，使学生在完成项目任务的过程中逐步理解并掌握中小型网络构建与管理相关知识点的实际应用。

本书可作为中等职业学校计算机网络技术专业的教材使用。

图书在版编目（CIP）数据

中小型网络构建与管理 / 郭颖主编. —北京：电子工业出版社，2018.7

ISBN 978-7-121-34435-0

Ⅰ. ①中… Ⅱ. ①郭… Ⅲ. ①计算机网络—中等专业学校—教材 Ⅳ. ①TP393

中国版本图书馆 CIP 数据核字（2018）第 124260 号

策划编辑：关雅莉
责任编辑：裴　杰
印　　刷：北京盛通数码印刷有限公司
装　　订：北京盛通数码印刷有限公司
出版发行：电子工业出版社
　　　　　北京市海淀区万寿路 173 信箱　邮编　100036
开　　本：787×1 092　1/16　印张：16.25　字数：416 千字
版　　次：2018 年 7 月第 1 版
印　　次：2024 年 1 月第 5 次印刷
定　　价：40.00 元

凡所购买电子工业出版社图书有缺损问题，请向购买书店调换。若书店售缺，请与本社发行部联系，联系及邮购电话：（010）88254888，88258888。

质量投诉请发邮件至 zlts@phei.com.cn，盗版侵权举报请发邮件至 dbqq@phei.com.cn。

本书咨询联系方式：（010）88254617，luomn@phei.com.cn。

前　言

本书打破了传统教材学科课程的概念，将以往的"网络基础""网络综合布线""网络设备调试""局域网管理""系统维护与管理"这几门课程的相关知识点与工程项目的实施相结合，按照项目设计、施工、验收、管理及维护5个阶段的实施组织知识点内容。

1）本书的定位及目标

本书作为计算机网络技术专业的一门核心课程教材，通过家庭网络构建与管理、办公网络构建与管理、园区网络构建与管理三个由小到大递进式的项目为背景，按照网络工程的生命周期设计、施工、验收、管理及维护的全部过程来选择和组织课程内容，使学习者掌握相关的基本知识技能，能够在相应环境中使用所学知识分析和解决问题。

2）总体教学要求建议

本书所包含的项目建议分三个学期开设课程，总学时不少于384学时。

项目1：家庭网络构建与管理　　所需学时：96学时以上

项目2：办公网络构建与管理　　所需学时：144学时以上

项目3：园区网络构建与管理　　所需学时：144学时以上

建议：在实施项目2的教学内容中融入项目1的知识点，项目3的教学内容中融入项目2、项目1的知识点，因为从项目1至项目3是层层递进的关系，完成后一个项目需要用到前一个项目所学的知识点，以达到巩固的效果。

本书由郭颖主编，李冬海、潘柳担任副主编，张恒升，林博韬参与编写。

由于编者水平有限，时间仓促，书中难免存在不足之处，敬请读者批评指正。

编　者

目 录

项目一 家庭网络构建与管理

项目二　办公网络构建与管理

项目三　园区网络构建与管理

中小型网络构建与管理

项目一

家庭网络构建与管理

▶ 家庭网络项目背景

小王最近在××小区买了新房子，新房平面图如图 1-1-1 所示，考虑到自己一家三口工作和

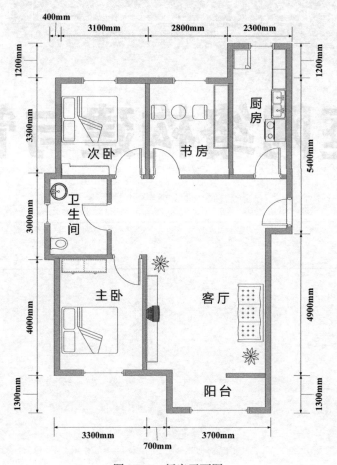

图 1-1-1　新房平面图

生活上的需要，小王希望组建一个简单、经济、实用、方便的家庭网络。现在需要把家里的计算机连接起来，组建家庭网络，实现共享文件信息，并且使所有计算机都可以连接因特网。另外，小王新买了一部智能手机和一台笔记本计算机，希望在家里安装无线网络，实现手机和笔记本计算机无线上网；同时，小王希望在家庭网络下能够共享文件和打印机。

单元二

家庭网络设计

 绘制综合布线平面图

任务目标

使用 Visio 软件为小王绘制新房子的综合布线平面图。

知识准备

1. 综合布线平面图

综合布线平面图，是表示综合布线工程项目总体布局，建筑物的外部形状、内部布置、结构构造、材料做法及设置、施工等要求的样图。综合布线平面图具有图纸齐全、表达准确、要求具体的特点，是进行工程施工、编制施工预算和施工组织设计的依据，也是进行技术管理的重要技术文件。图纸是设计意图的表现，平面图主要体现平面布局。综合布线平面图是反映整个综合布线过程各个布线朝向的一个直观表示。

2. 家庭综合布线设计考虑因素

1）信息点数量

通常情况下，卧室、客厅和书房安装 1 个或 2 个信息点即可供临时变更计算机使用地点时使用，餐厅一般不需要安装信息点。如果小区预留有信息接口，应当布设一条从该接口到集线设备的双绞线，以实现家庭网络与小区宽带的连接。

2）避免干扰

在布线设计时，应当综合考虑电力线和双绞线的布设。电力线不能离双绞线太近，以免对双绞线产生干扰，但也不宜离得太远，相对距离保持在 20cm 左右即可。双绞线应当尽量远离洗衣机、电冰箱、空调、微波炉等电器，以避免它们对双绞线中的传输信号产生干扰。

3）信息插座的位置

在选择信息插座的位置时，既要便于使用，不能被家具挡住，又要比较隐蔽，不太显眼。在卧室中，信息插座可位于床头的两侧；在客厅中，可位于沙发靠近窗口的一段；在书房中，则应位于写字台附近，信息插座与地面的距离不应少于30cm。

4）注重美观

家中布线更注重美观，因此，布线施工应当在装修时，尽量将电缆管槽埋藏于地板之下，信息插座要选用墙面式，将信息插座底盒埋藏于墙壁内。

5）集线设备的位置

由于集线设备（如家用集线器、交换机、路由器）很少接触，所以，在保证通风较好并利于设备散热的前提下，集线设备应当位于隐蔽的位置。需要注意的是，集线设备需要电源的支持，因此，必须在装修时为集线设备提供电源插座。另外，集线设备应当避免安装在潮湿、容易被淋湿和电磁干扰非常严重的位置。

任务实施

第一步：运行 Visio 2010 应用程序。

双击桌面上的 图标（或选择"开始"→"所有程序"→"Microsoft Office"→"Microsoft Office Visio 2010"选项），运行 Visio 2010 应用程序。

第二步：创建模板。

在 "模板类别"列表中，选择"地图和平面布置图"类别中的"家居规划"模板，单击"创建"按钮，如图 1-2-1 所示。

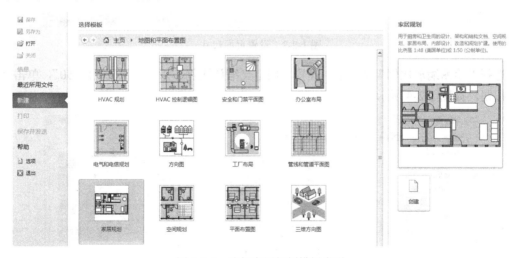

图 1-2-1　选择家居规划模板类型

第三步：设置页面大小比例。

选择"文件"→"页面设置"选项，弹出"页面设置"对话框，选择"打印设置"选项卡，设置"打印机纸张"为"A3：297mm×420mm"、"纵向"，如图 1-2-2 所示。

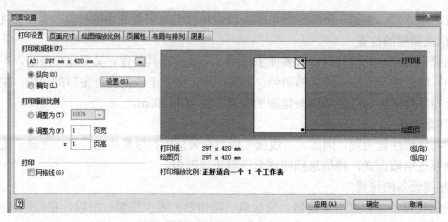

图 1-2-2　设置打印纸张大小和方向

选择"页面尺寸"选项卡，设置"页面尺寸"为"预定义的大小"，公制 A3 尺寸，如图 1-2-3 所示。

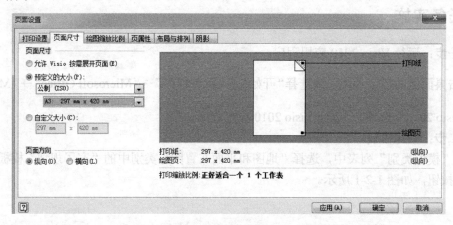

图 1-2-3　设置页面尺寸

选择"绘图缩放比例"选项卡，设置"预定义缩放比例"为"公制"、"1∶50"，单击"确定"按钮，如图 1-2-4 所示。

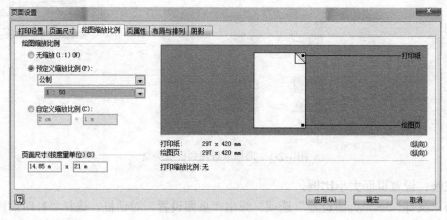

图 1-2-4　设置比例尺

第四步：绘制墙体。

选择"形状"区的"墙壁、外壳和结构"类目，拖动一个矩形"房间"到绘图区中，如图 1-2-5 所示。

右击"房间"形状，选择"属性"选项，在弹出的"形状数据"对话框中，根据房屋平面图设置房间的"宽度"、"长度"（如主卧宽度为 3300mm、长度为 4000mm，如图 1-2-6 所示），单击"确定"按钮后，将"房间"图形拖动到绘图区的相应位置。

图 1-2-5　墙壁、外壳和结构中的"房间"图形　　　　图 1-2-6　设置房间大小

以此方法依次绘制出整个房间的基本框架，布局次卧、客厅、卫生间、厨房、阳台的位置及大小，如图 1-2-7 所示。

除了用"房间"形状绘制房间的基本框架，还可以根据需求使用"墙""外墙""弯曲墙"等形状绘制。

第五步：添加门和窗户。

选择"形状"区的"墙壁、外壳和结构"类目，拖动"门"和"窗户"图形到绘图区中，如图 1-2-8 所示，添加门和窗户。

图 1-2-7　房间布局图　　　　　　　　图 1-2-8　添加门和窗户

门、窗户等物体有中心点，中心点的位置也是可以在大小和位置窗口里进行设置的。用鼠标选中这个中心点，可以自由旋转门窗的方向，在弹出的快捷菜单中可以调整元件左右、上下翻转。

第六步： 添加尺寸线。

选择"形状"区的"尺寸度量"→"工程"类目，找到"垂直"形状，拖动到左侧的墙边。再拖动两个绿色的小矩形，使它们与墙上下对齐，当出现红色对齐标识时，即说明已经对齐，如图1-2-9所示。

选择尺寸线并右击，选择"精度和单位"选项，在弹出的"形状数据"对话框中将"精度"设置为"0"，如图1-2-10所示。单击"确定"按钮后，返回绘图区。继续选择图形标注，在工具栏中设置"字体"为Times New Roman，"字号"为18，"字体"为加粗。

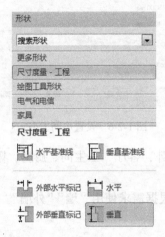

图1-2-9　添加垂直尺寸线　　　　　　　图1-2-10　设置尺寸线精度和单位

用同样的方法，标注房间的宽度，如图1-2-11所示，完成尺寸标注。如果希望标注小的尺寸（如柜子的尺寸），则可以用同样的方法做精细标注。

第七步： 绘制语音和数据接口图标。

在Visio 2010中，选择"椭圆形工具"选项，按住"Shift键+鼠标左键"拖动画出一个圆形，在画好的圆形上右击，选择"格式"→"线条"选项，弹出"线条"对话框，在"粗细"下拉列表中选择"3 pt"选项，如图1-2-12所示。

双击圆形图标，在文本内容中输入"D"（代表数据接口），设置其文本属性：字体为"Times New Roman"，字号为"18tp"，字形为"加粗"。设置好的数据信息点图标如图1-2-13所示。

第八步： 数据信息点布局。

在Visio中，根据需求在部分房间绘制数据节点 **Ⓓ**；选择"形状"区的"电器和电信"类目，找到"主控设备"形状，拖动到客厅大门边，表示家庭网络集线设备；使用折线工具，将各信息点和集线设备连接起来，设置线条粗细为"13pt"、颜色为"红色"，如图1-2-14所示。

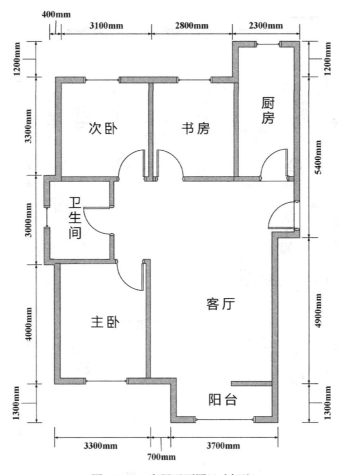

图 1-2-11 家居平面图尺寸标注

图 1-2-12 椭圆工具及线条设置

Ⓓ 数据信息点

图 1-2-13 数据信息点图标

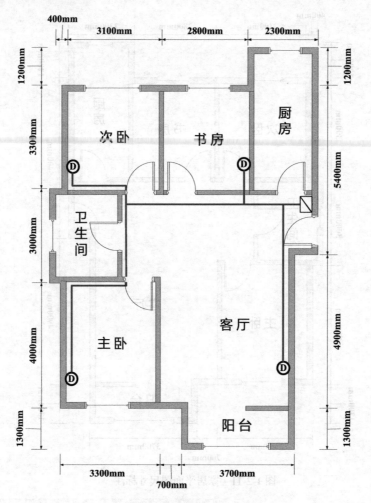

图 1-2-14　数据信息点布局

第九步：添加必要的图例、文字说明和项目名称、制作人及制作时间等。

利用 ![指针工具][连接线] 工具，画出图例的边框范围，移动至图纸左下角，使用 ![A文本] 工具在图纸空白处单击并输入"图例"，利用 ![指针工具] 工具将"图例"文字移动到矩形框的合适位置，绘制数据节点Ⓓ并移动到矩形框内，使用 ![A文本] 工具为Ⓓ注明"数据接口"，添加"集线设备"![图标] 图标，使用 ![A文本] 工具为![图标]注明"集线设备"，效果如图 1-2-15 所示。

图 1-2-15　添加图例

在 Visio 中选择"插入"→"对象"选项，在弹出的"插入对象"对话框中选择 Microsoft Office Excel 工作表，在打开的表格中输入"项目名称""制作人""制作时间""编号"等信息，选中表格文字设置"对齐方式"为"居中"，单击"字体"中的 ![按钮] 按钮，选择"所有框线"选项,调整表格大小至如图 1-2-16 所示,移动表格至图纸右下角。

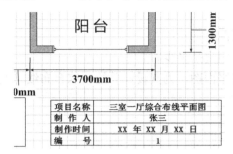

图 1-2-16 添加表格信息

🌱 成果展示

小王新房子的综合布线平面图最终效果如图 1-2-17 所示。

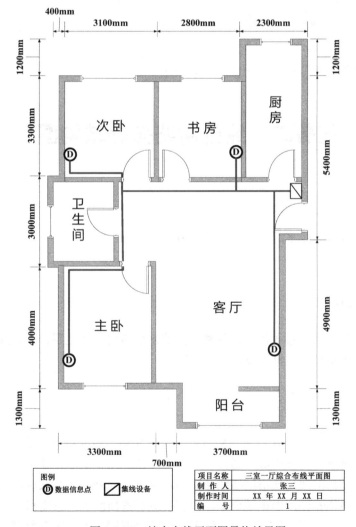

图 1-2-17 综合布线平面图最终效果图

拓展练习

（1）家居综合布线平面图有何作用？

（2）信息插座与地面的距离是多少？

（3）如下图所示的家居平面图，为其设计并绘制综合布线平面图。

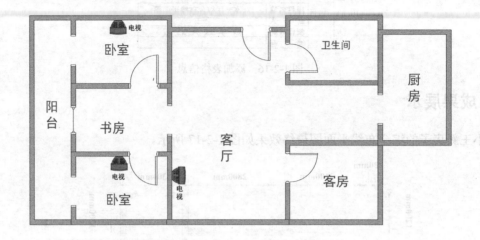

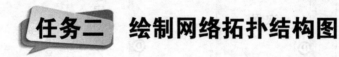

任务二　绘制网络拓扑结构图

任务目标

根据小王家的综合布线平面图，绘制网络拓扑结构图。

知识准备

1．网络拓扑结构

网络拓扑结构是指用传输媒体互连各种设备的物理布局，就是用什么方式把网络中的节点（即计算机、服务器和打印机等设备）连接起来。

2．网络拓扑结构图分类

1）星形结构

星形结构（图 1-2-18）的优点是结构简单、建网容易、控制相对简单；其缺点是属集中控制，主节点负载过重，可靠性低，通信线路利用率低。一个星形拓扑可以隐藏在另一个星形拓扑里而形成一个树形或层次形网络拓扑结构。相对其他网络拓扑来说，星形结构安装比较困难，比其他网络拓扑使用的电缆要多，但容易进行重新配置，只需移去、增加或改变集线器某个端口的连接，就可进行网络重新配置。由于星形网络上的所有数据都要通过中心设备，并在中心设备上汇集，因此星形拓扑维护起来比较容易，受故障影响的设备少，能够较好地处理。

2）总线结构

总线结构（图 1-2-19）是将所有的入网计算机均接入到一条通信线上。总线结构的优点是信道利用率较高，结构简单，价格相对便宜；缺点是同一时刻只能有两个网络节点相互通信，网络延伸距离有限，网络容纳节点数有限。在总线上只要有一个点出现连接问题，就会影响整个网络的正常运行。

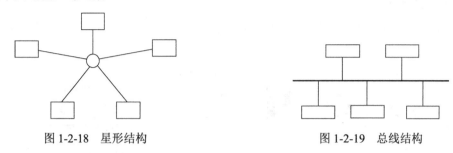

图 1-2-18　星形结构　　　　　　　　　　图 1-2-19　总线结构

3）环形结构

环形结构（图 1-2-20）是将各台联网的计算机用通信线路连接成一个闭合的环。环形结构的优点是一次通信信息在网络中传输的最大传输延迟是固定的；每个网上的节点只与其他两个节点有物理链路直接互连。因此，传输控制机制较为简单，实时性强；缺点是一个节点出现故障可能会终止全网运行，因此可靠性较差。环形拓扑是一个点到点的环形结构，每台设备都直接连到环上，或通过一个接口设备和分支电缆连到环上。在初始安装时，环形拓扑网络比较简单。随着网上节点的增加，重新配置的难度也增加了，对环的最大长度和环上设备总数有限制，可以很容易地找到电缆的故障点。受故障影响的设备范围大，在单环系统上出现的任何错误，都会影响网上的所有设备。

4）树形结构

树形结构（图 1-2-21）实际上是星形结构的一种变形，它将原来用单独链路直接连接的节点通过多级处理主机进行分级连接。这种结构与星形结构相比降低了通信线路的成本，但增加了网络复杂性，网络中除最低层节点及其连线，任一节点或连线的故障均影响其所在支路网络的正常工作。

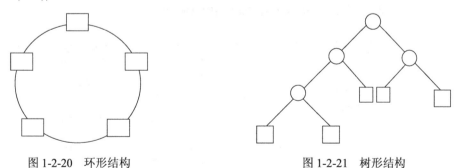

图 1-2-20　环形结构　　　　　　　　　　图 1-2-21　树形结构

5）混合型结构

以上介绍的是四种最基本、最常用的计算机网络拓扑结构。但是由于网络规模的不断扩大，这些基本结构已无法满足使用者的需要，因此衍生出一些综合以上几种基本结构类型的混合型网络拓扑结构。

任务实施

第一步：运行 Visio 2010 应用程序。

第二步：创建模板。

在"模板类别"列表中，选择"网络"类别中的"详细网络图"模板，单击"创建"按钮，如图 1-2-22 所示。

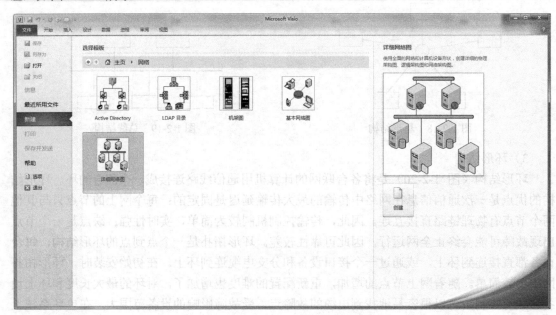

图 1-2-22　选择详细网络图模板类型

第三步：设置页面大小。

选择"文件"→"页面设置"选项，弹出"页面设置"对话框，选择"打印设置"选项卡，设置"打印机纸张"为"A4: 210mm×297mm"、"横向"，如图 1-2-23 所示。

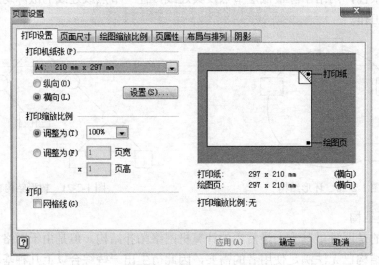

图 1-2-23　设置打印纸张方向

选择"页面尺寸"选项卡，设置"页面尺寸"为"预定义的大小"及公制 A4 尺寸，如图 1-2-24 所示。

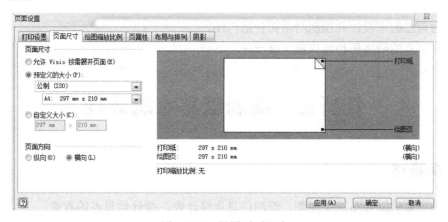

图 1-2-24 设置页面尺寸

第四步：绘制网络拓扑结构图。

在"网络和外设"形状模板中，选择 路由器 模块和 调制解调器 模块并分别拖动到绘图区域中，创建它的图形实例。

在"计算机和显示器"形状模板中，选择 PC 模块拖动到绘图区域中，创建它的图形实例。添加 PC 的台数根据整个家庭信息点的数目确定。

使用折线工具 指针工具 绘制线条，选择粗细为 9、颜色为黑色的线条，作为路由器与各台 PC、路由器与调制解调器连接的网线。

在"网络和外设"形状模板中，选择 通信链路 模块，作为电信宽带接入与调制解调器相连接的光缆。

添加必要的图例、文字说明和项目名称、制作人和制作时间。

📚 成果展示

小王家的网络拓扑结构最终效果如图 1-2-25 所示。

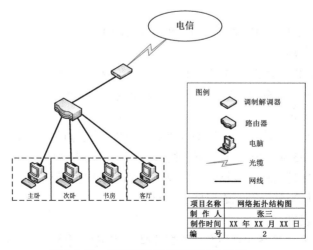

图 1-2-25 网络拓扑结构图最终效果图

拓展练习

（1）为自己的家设计并绘制网络拓扑结构图。

（2）你家里的网络拓扑结构属于哪一种？

 任务三　编制信息点统计表

 任务描述

根据小王家的综合布线平面图，编制信息点统计表，统计信息点的数量。

知识准备

1. 信息点统计表

信息点统计表是主要用于体现建筑物的数据、语音、控制设备等信息点数量和位置的表格。

2. 信息点统计表的作用

信息点统计表中的信息点数量和位置的规划设计非常重要，直接决定着项目的工作量，可以用来制作项目预算。

任务实施

第一步：运行 Excel 2010。

双击桌面上的 图标（或选择"开始"→"所有程序"→"Microsoft Office"→"Microsoft Office Excel 2010"选项），启动 Excel 2010。

第二步：编制表格。

（1）在 A1 单元格中输入标题"小王三室一厅信息点统计表"。

（2）在 A2：F2 单元格中，依次输入"房间名称""信息点名称""主卧""次卧""书房""客厅""小计"等内容。

（3）在 A3：A5 单元格中，依次输入"数据点""信息点""合计"等内容。

（4）选中 A2：F5 单元格，选中所有边框线，添加表格边框。

第三步：添加项目名称、表格编号、制表人和制表时间等信息。

在表格末尾添加制表人和制表时间等信息。

第四步：美化表格。

通过合并单元格、调整行高列宽、设置字体等来美化表格。

家庭网络设计　单元二

第五步：数据统计。

根据综合布线平面图，将每个房间的数据点数量和语音点数量分别录入表格中，在小计与合计中使用表格"自动求和"公式算出结果。

 成果展示

完成的信息统计表如下。

小王三室一厅信息点统计表

房间名称 信息点名称	主　卧	次　卧	书　房	客　厅	合　计
数据点	1	1	1	1	4
制表人	张三		制表时间	××年××月××日	

 思考练习

编制实训机房的信息点统计表。

任务四　设备选型

任务描述

为小王家搭建家庭网络，采购所需的网络设备。

知识准备

组建家庭局域网时，常用的网络设备包括：宽带路由器、交换机、ADSL Modem 和网卡等。下面将详细介绍如何合理选择这些网络设备。

1．宽带路由器

对于组建家庭局域网而言，网络设备方面最好的选择是宽带路由器。它集共享接入网关、防火墙和交换机于一身，性能相对强大，具备完善的网络服务功能。宽带路由器一般有一个WAN 口，4 个 LAN 口，不需要另外配置服务器和交换机。

目前，合适家庭使用的宽带路由器也被称为 SOHO 路由器，通常分为有线宽带路由器和无线宽带路由器，如图 1-2-26 和图 1-2-27 所示。

图 1-2-26　TP-LINK 8 端口宽带有线路由器　　　　图 1-2-27　TP-LINK 11AC 千兆双频无线路由器

017

两者的差别在于无线宽带路由器除了提供有线路由器的功能，还提供无线接入功能。这样，家里的计算机只需配备无线网卡，就可以组成无线局域网，为家庭提供更为灵活的网络接入环境。随着笔记本计算机、智能手机的普及，越来越多的家庭选择组建无线局域网。

2. 交换机

一般情况下，家庭中选用了宽带路由器就无须使用交换机，如果家庭中的计算机数量比较多或者为了日常生活中接入的方便，家中布线时预留的网络信息接口较多，超过了宽带路由器所提供的 LAN 接口数量，这时就需要使用交换机对 LAN 口进行拓展。家用的交换机通常有 5 端口和 8 端口，如图 1-2-28 所示。

此外，如果家中有了支持路由功能的 ADSL Modem 接入 Internet，则也可以只选购交换机来组建家庭局域网，而无须宽带路由。

3. 光调制解调器

光调制解调器（简称光猫），也称为单端口光端机，能够用于广域网中光电信号转换和接口协议转换，如图 1-2-29 所示。

图 1-2-28　TP-LINK TL-SG1005D 5 端口千兆交换机　　图 1-2-29　TP-LINK TL-GP110 光猫

4. 网卡

目前，网卡已成为计算机的标准配置，无论是台式机还是笔记本计算机，均已在主板上集成了网卡，因此几乎不必考虑额外添置网卡。但是如果希望组建无线局域网，则需要购买无线网卡，选购时应注意与无线路由器的速率相匹配。

台式机的无线网卡有 PCI-E 接口（图 1-2-30）和 USB 接口（图 1-2-31）之分，可以考虑使用 USB 的无线网卡，其灵活度更大，方便在不同台式机上使用。

图 1-2-30　TP-LINK 无线 PCI-E 网卡　　　　　图 1-2-31　TP-LINK 迷你 USB 无线网卡

任务实施

上网查找所需网络设备，将型号与价格填入表 1-2-1。

表 1-2-1 网络设备的型号与价格

名　称	型　号	数　量	单　价	小　计
光调制解调器				
路由器				
无线网卡				
合计				

思考练习

（1）列举家里常用的网络设备有哪些。

（2）对于别墅而言，应该采购哪些网络设备？

单元三

家庭网络项目实施

家庭网络项目实施内容选取"主卧"和"次卧"两个区域，在实训木墙上模拟综合布线，其施工正视图、侧视图如图 1-3-1 所示。

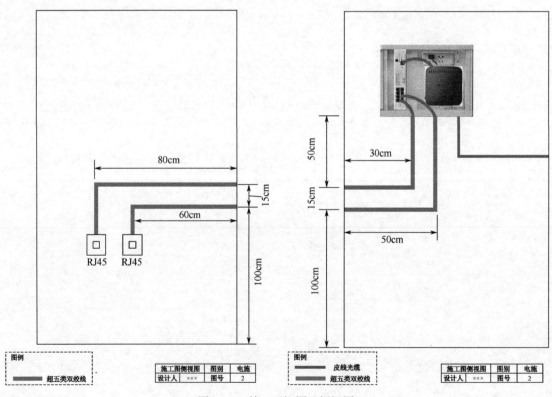

图 1-3-1　施工正视图、侧视图

 搭建工作区子系统

 任务目标

制作两条 ELA/TLA 568B 标准直通线。

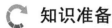 **知识准备**

1. 工作区子系统

工作区子系统是一个从信息插座延伸至终端设备的区域。工作区布线要求相对简单,容易移动、添加和变更设备。该子系统包括水平配线系统的信息插座、连接信息插座和终端设备的跳线及适配器,如图1 3 2 所示。

图1-3-2 工作区子系统

2. RJ-45 信息插座

信息插座又称信息模块,是网络工程中常用的一种配件,目前常见的信息模块有 5 类和 6 类两种,且有屏蔽和非屏蔽之分。信息模块符合 EIA/TIA T568A 和 568B 线序,适用于设备间与工作区的通信插座连接。信息模块如图1-3-3 所示。

图1-3-3 屏蔽(左)和非屏蔽(右)RJ-45 信息插座

小提示:信息插座模块尽管安装在工作区,但它属于配线(水平)子系统的组成部分。

3. 双绞线

双绞线是综合布线工程中最常用的一种传输介质。它是由不同颜色的 4 对 8 芯线组成的,每两条按一定规则绞接在一起成为一个芯线对。采用这种方式,不仅可以抵御一部分来自外界的电磁波干扰,还可以降低自身信号的对外干扰。

4. 双绞线线序

目前,国际通用的双绞线制作标准有两种,即 EIA/TIA 568A 和 EIA/TIA 568B,如表1-3-1

所示。

表 1-3-1 EIA/TIA 568A 和 EIA/TIA 568B 线序排列方法

线 序 标 准	1	2	3	4	5	6	7	8
EIA/TIA 568A	白绿	绿	白橙	蓝	白蓝	橙	白棕	棕
EIA/TIA T568B	白橙	橙	白绿	蓝	白蓝	绿	白棕	棕

5. 直通线与交叉线

根据双绞线两端所遵循的制作标准，可以把双绞线分为直通线和交叉线。

直通线：两端同时按照 TIA/EIA T568A 或 TIA/EIA T568B 的标准制作而成。

直通线可用于连接不同设备，例如：PC 连接 Hub，PC 连接交换机，Hub 连接交换机，交换机连接路由器等。

交叉线：一端按照 TIA/EIA T568A 的标准制作，而另一端则按照 T568B 的标准制作。

交叉线可用于连接相同设备，例如，PC 连接 PC，交换机连接交换机，路由器连接路由器等。

注意：PC 连接路由器也需要使用交叉线连接。

任务实施

第一步：剥线。

将双绞线的一端剪齐，然后把剪齐的一端插入网线转刀剥线口中（约 3cm），慢慢旋转一圈（注意，不得损坏网线里面芯线的外皮），让刀口划开双绞线的保护胶皮，拔下胶皮，如图 1-3-4 所示。

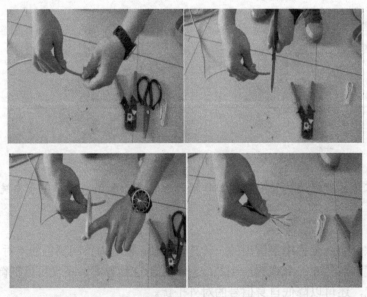

图 1-3-4 剥线

第二步：排线、理线、剪切。

剥除外包皮把 4 对芯线一字排列，然后把每对芯线分开，并按 EIA/TIA 568B 标准的顺序排列。注意，每条芯线都要拉直，相互分开并列排列，不能重叠，用网线钳垂直于芯线排列方向剪齐（约 1.5cm），如图 1-3-5 所示。

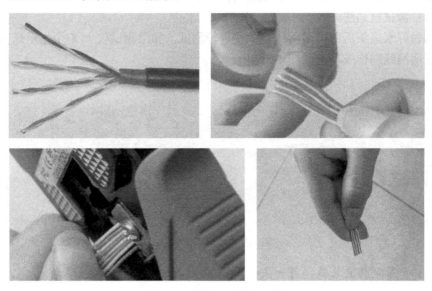

图 1-3-5　排线、理线、剪切

第三步：插入、检查、压接。

一只手以拇指和中指捏住水晶头，并用食指抵住，水晶头的方向是金属引脚朝上、弹片朝下；另一只手捏住双绞线，用力缓缓将双绞线 8 条导线依序插入水晶头，并一直插到 8 个凹槽顶端。

检查水晶头正面，查看线序是否正确。检查水晶头顶部，查看 8 根线芯是否都顶到顶部（为减少水晶头的用量，第一至三步可重复练习，熟练后再进行下一步）。

确认无误后，将 RJ-45 水晶头推入压线钳夹槽后，用力握紧压线钳，将突出在外面的针脚全部压入 RJ-45 水晶头内，RJ-45 水晶头连接完成，如图 1-3-6 所示。

图 1-3-6　插入、检查、压接

按照相同的方法制作双绞线另一端的水晶头，注意也要用 ELA/TLA 568B 标准排列线序，这样一根 ELA/TLA 568B 标准的直通线就制作完成了。

第四步：测试直通线。

两端都做好水晶头后即可用网线测试仪进行测试，如果测试仪上 8 个指示灯都依次为绿灯闪过，证明网线制作成功，如图 1-3-7 所示。

图 1-3-7　测试直通线

小提示：如果制作交叉线，另一头使用 ELA/TLA 568-A。

 成果展示

制作 ELA/TLA 568-B 标准的直通线，如图 1-3-8 所示。

图 1-3-8　ELA/TLA 568-B 标准的直通线

拓展练习

（1）默写 ELA/TLA 568-A 和 ELA/TLA 568-B 线序。

（2）制作一条交叉线。

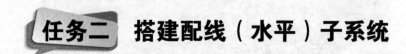 任务二　搭建配线（水平）子系统

任务目标

了解配线（水平）子系统的组成，完成配线（水平）子系统的安装。

知识准备

1. 什么是配线(水平)子系统

配线子系统也叫水平子系统，由工作区的信息插座模块、信息插座模块至电信间配线设备（FD）的配线电缆和光缆、电信间的配线设备及设备缆线和跳线等组成，如图 1-3-9 所示。

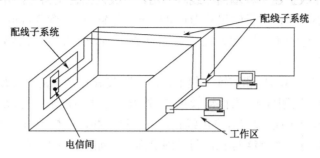

图 1-3-9　配线（水平）子系统

2. PVC 线槽与线管

民房安装通信线路使用的是 PVC 阻燃线管和 PVC 阻燃线槽。通常情况下，PVC 线槽用于明装线路，PVC 线管用于暗埋线路。

1）PVC 线槽

PVC 线槽采用 PVC 塑料制造，具有绝缘、防弧、阻燃自熄等特点，对敷设其中的导线起机械防护和电气保护作用。使用产品后，配线方便、布线整齐、安装可靠，便于查找、维修和调换线路。

PVC 线槽的品种规格很多，从型号上有 PVC-20 系列、PVC-25 系列、PVC-25F 系列、PVC-30 系列、PVC-40 系列、PVC-40Q 系列等。PVC 线槽的外形如图 1-3-10 所示。

2）PVC 线管

PVC 线管是一种白色的硬质 PVC 胶管，具有防腐蚀及防漏电的功能。多用于室内正常环境和在高温、多尘、有震动及有火灾危险的场所，具有抗腐蚀性强、耐压强度高等特点。

PVC 线管的品种规格很多，从公称外径规格分别有 $\Phi16$、$\Phi20$、$\Phi25$、$\Phi32$、$\Phi40$、$\Phi50$、$\Phi63$、$\Phi75$、$\Phi110$。PVC 线管外形如图 1-3-11 所示。

图 1-3-10　PVC 线槽

图 1-3-11　PVC 线管

3. 底盒、面板

1）底盒

网络信息点插座底盒按照材料组成一般分为金属底盒和塑料底盒；按照安装方式一般分为暗装底盒和明装底盒；按照配套面板规格分为 86 系列和 120 系列。

明装底盒经常在改扩建工程墙面布线时使用，一般为白色塑料盒，外形美观，表面光滑，外形尺寸比面板稍小一些，常见的尺寸为长 84mm，宽 84mm，深 36mm，底板上有 2 个直径 6mm 的安装孔，用于将底座固定在墙面，正面有 2 个 M4 螺孔，用于固定面板，侧面预留有上下进线孔，如图 1-3-12 所示。

暗装底盒一般在新建项目和装饰工程中使用，暗装底盒常见的有金属和塑料两种。塑料底盒一般为白色，一次注塑成形，表面比较粗糙，外形尺寸比面板小一些，常见尺寸为长 80mm，宽 80mm，深 50mm，5 面都预留有进出线孔，方便进出线，底板上有 2 个安装孔，用于将底座固定在墙面，正面有 2 个 M4 螺孔，用于固定面板，如图 1-3-13 所示；金属底盒一般一次冲压成形，表面都进行电镀处理，避免生锈，尺寸与塑料底盒基本相同，如图 1-3-14 所示

图 1-3-12　明装底盒

图 1-3-13　暗装底盒

图 1-3-14　金属底盒

2）面板

常用面板分为单口面板和双口面板，面板外形尺寸符合国标 86 型、120 型。

86 型面板的宽度和长度都是 86mm，通常采用高强度塑料材料制成，适合安装在墙面，具有防尘功能，如图 1-3-15 所示。

120 型面板的宽度和长度都是 120mm，通常采用铜等金属材料制成，适合安装在地面，具有防尘、防水功能，如图 1-3-16 所示。

图 1-3-15　86 型单孔、双孔面板

图 1-3-16　120 型金属面板

任务实施

第一步：安装 PVC 线槽。

（1）直角成形。

先是对线槽的长度进行定点，以点为顶画一直线，以这条直线为对称轴画一个等边三角形，如图 1-3-17 所示。

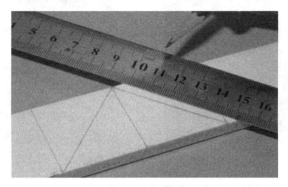

图 1-3-17　画等边三角形

裁剪线槽，如图 1-3-18 所示。

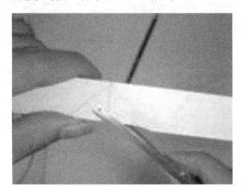 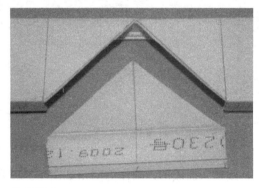

图 1-3-18　裁剪线槽

把线槽弯曲成直角形，如图 1-3-19 所示。

图 1-3-19　直角成形

（2）阴角成形。

对线槽两侧边进行定点，以点为顶画一直线，以这条直线为对称轴在线槽两侧各画一个等边三角形，如图 1-3-20 所示。

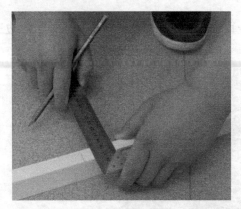

图 1-3-20　画等边三角形

以线为边进行裁剪，制作出线槽，如图 1-3-21 所示。

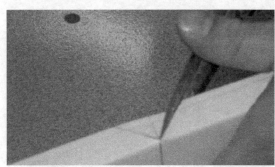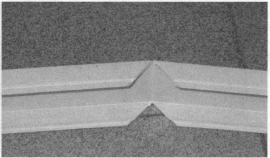

图 1-3-21　制作线槽

把线槽弯曲成形，制作的阴角如图 1-3-22 所示。

图 1-3-22　阴角成形

（3）PVC 线槽墙面安装。

将裁剪好的线槽预钉上水泥钉，水泥钉要对准线槽的中间，从起始部位钉起，如图 1-3-23 所示。

图 1-3-23　线槽预上水泥钉

将线槽两端钉子轻轻锤入墙中进行定位，确认线槽角度无误，依次将预钉的水泥钉锤入墙中，固定线槽，如图 1-3-24 所示。

图 1-3-24　安装线槽

线槽完成安装后，使用水平尺检测是否达到"横平竖直"的标准，如有偏差，应进行整改，最终效果如图 1-3-25 所示。

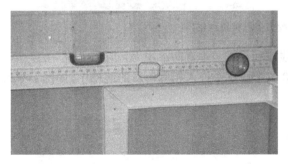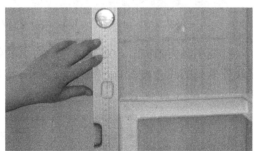

图 1-3-25　水平尺检测

小提示：剥线槽盖板时，先将线槽盖板起始部位掀起一段后，用起子将其剥离，不要用手直接拉盖板，避免线槽盖卷起造成破坏。

第二步：RJ-45 信息模块的端接。

剥除双绞线外层绝缘皮（约 5cm），用剪刀剪掉抗拉线，如图 1-3-26 所示。

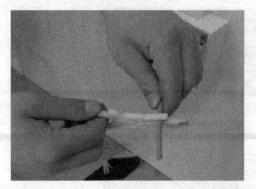
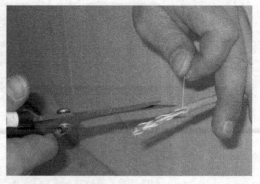

图 1-3-26　剥除线皮

　　分开网线中的 4 对线对，但线对之间不要拆开，遵照信息模块上所指导的线序，稍稍用力将导线逐个置入相应的线槽内。通常状况下，模块上同时标有 568A 和 568B 两种线序，用户应该依据布线设计时的规则，与其衔接装备采取相同的线序，一般为 T568B 规范衔接，否则必需标注清晰。遵照 T568B 规范衔接方法时，信息插座引针（脚）与双绞线线对调配状况如下：线对 1（蓝-4，白蓝-5），线对 2（白橙-1，橙-2），线对 3（白绿-3，绿-6），线对 4（白棕-7，棕-8），如图 1-3-27 所示。

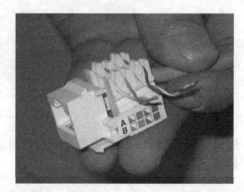

图 1-3-27　将双绞线按色标置入槽内

　　打线工具刀口向外，对准信息模块上的线槽和导线，垂直向下用力，听到"喀"的一声，模块外多余的线会被剪断。重复这一操作，将 8 条芯线逐个打入相应色彩的线槽中，如图 1-3-28 所示。

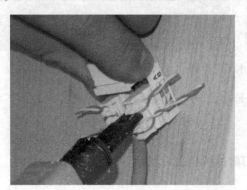
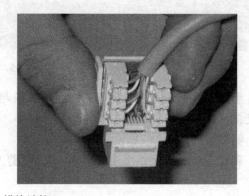

图 1-3-28　模块端接

将模块的塑料防尘帽沿着缺口插入模块，并牢稳固定于信息模块上，如图 1-3-29 所示。

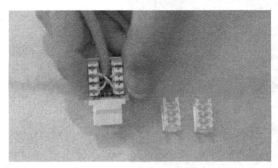
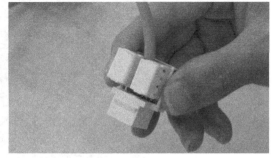

图 1-3-29 盖上防尘帽

第三步：底盒、面板墙面安装。

安装前检查新产品的外观有无破损，特别要检查底盒上的螺丝孔是否正常，如有损坏坚决不能使用，如图 1-3-30 所示。

图 1-3-30 检查面板

根据进出线方向和位置，取掉底盒预设孔中的挡板。明装底盒按照设计要求用螺丝直接固定在墙面。将模块卡接到面板接口中，如果双口面板上有网络和电话插口标记时，按照标记口位置安装；如果双口面板上没有标记时，要在面板表面做好标记，上好固定螺丝。安装过程如图 1-3-31 所示。

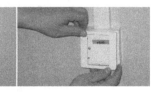

图 1-3-31 底盒、面板安装过程

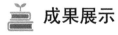 **成果展示**

配线（水平）子系统最终效果图如图 1-3-32 所示。

图 1-3-32　配线（水平）子系统最终效果图

拓展练习

（1）按照下图完成 PVC 线槽"回"字形墙面安装。

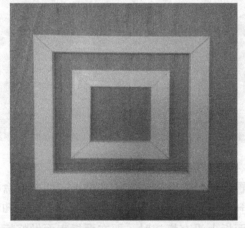

（2）按照下图完成 PVC 线槽墙面安装。

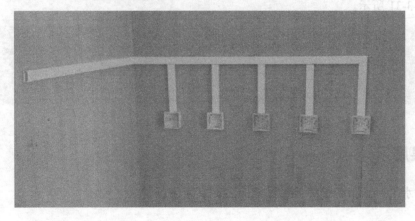

任务目标

了解管理子系统的组成，完成管理子系统的安装。

知识准备

1．什么是管理子系统

管理子系统设置在楼层分配线设备的房间内。管理子系统应由交接间的配线设备、输入/输出设备等组成，也可应用于设备间子系统中，如图 1-3-33 所示。

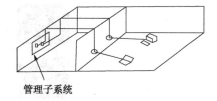

图 1-3-33　管理子系统

2．多媒体配线箱

家庭多媒体配线箱是多种信息网络系统的输入端，它可以将电话网络、宽带网络和有线电视网络的终端引到家庭的各个角落，并对网络终端进行集中控制和管理，以方便用户的使用。多媒体配线箱一般安装在住宅入口或门厅等处，安装要求箱体底部离地面不得小于 30cm，配线箱安装方式分为明装型和暗装型，如图 1-3-34 所示。

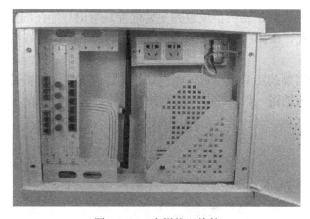

图 1-3-34　多媒体配线箱

3．光纤冷接子

光纤冷接子（图 1-3-35）是将配线光缆和入户皮线光缆、入户皮线光缆和入户皮线光缆、入户皮线光缆和尾纤相连的连接器。

4．蝶形光缆

蝶形光缆又称皮线光缆，多为单芯、双芯结构，断面呈 8 字形，两侧为皮线内加强件，中间为光纤，如图1-3-36所示。随着光纤到户的迅猛发展，蝶形光缆已被广泛应用。

图1-3-35 光纤冷接子

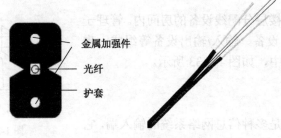

图1-3-36 蝶形光缆

任务实施

第一步：安装多媒体信息箱。

卸下柜门，小心放置好，将机柜放置到安装位置，用记号笔在固定孔位置上做好打孔标记；在打孔标记处打孔，用膨胀螺钉将配线箱固定在墙面上；安装好柜门，并关好柜门。

第二步：光纤冷接。

准备光纤冷接所需要的工具及材料：光纤切割刀、红光笔、光纤冷接子、导轨条、光纤清洁纸、无水酒精、米勒钳、斜口钳、光缆剥线器、皮线光缆，如图1-3-37所示。

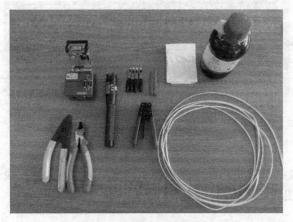

图1-3-37 光纤冷接工具及材料

把尾帽套入光缆，用光缆剥线器拨开光缆外层绝缘皮，露出光纤大约20cm，如图1-3-38

所示，用斜口钳将皮线光缆里的钢丝剪断。

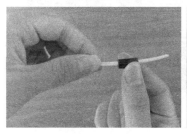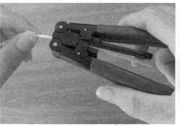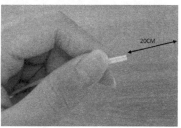

图 1-3-38　开缆

放入导槽，将导槽向后拉 3.5cm，用米勒钳剥去光缆表面塑胶，使其露出裸纤，如图 1-3-39 所示。

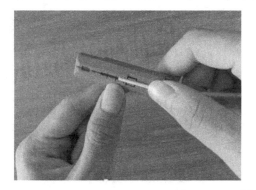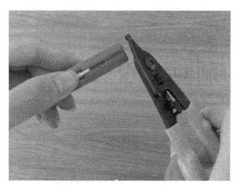

图 1-3-39　剥去光缆表面塑胶

用沾了酒精的光纤清洁纸清除光纤的杂质，把剥好的裸纤带导轨槽放入割刀内，由内（靠自己身体一边）往外推，如图 1-3-40 所示。

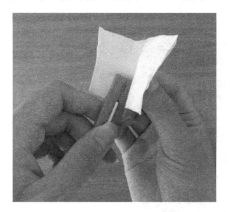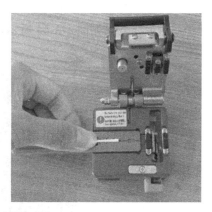

图 1-3-40　清洁光纤并切割

将光纤插入冷接端子，注意要顶到头至光纤微弯，将黄色的拨片往前推，扭紧尾帽并套上蓝色外壳，如图 1-3-41 所示。

使用红光笔（或者光功率计）进行测试，看到红色光点，表示光纤连通，如图 1-3-42 所示。

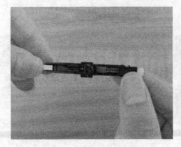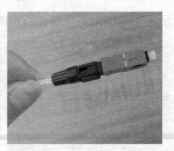

图 1-3-41　装上冷接端子

注意：红光笔仅能检查光纤通断情况，而光功率计能够测量光通过该段光纤的质量。
第三步：设备安装与连接。
将无线路由、光调制解调器安装到家用信息箱中，连接电源和网线，如图 1-3-43 所示。

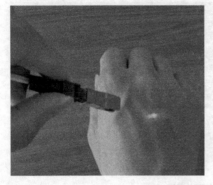

图 1-3-42　使用红光笔检查光纤通断情况　　图 1-3-43　设备安装与连接

🌱 成果展示

管理子系统最终效果如图 1-3-44 所示。

图 1-3-44　管理子系统最终效果

拓展练习

（1）简述光纤冷接所需的工具及材料。

（2）完成 3 条皮线光缆冷接，使用红光笔测试果。

任务四 搭建家庭有线和无线局域网

任务目标

根据网络拓扑结构图，在完成家庭综合布线后，利用购买的网络设备在小王家中搭建有线和无线局域网，满足台式计算机、笔记本计算机和手机上网的需求。

知识准备

1. 局域网

局域网（Local Area Network，LAN）是在传输距离较短的前提下，将该区域内的各种计算机设备和通信设备互连在一起，组成资源共享的通信网络。

2. 局域网的分类

局域网按传输介质可分为有线局域网和无线局域网两类。有线局域网常用的传输介质有同轴电缆、双绞线和光纤；无线局域网常用的传输介质有蓝牙、红外线和微波。

3. 无线局域网

无线局域网（Wireless Local Area Networks，WLAN）指应用无线通信技术将计算机设备互连起来，构成可以互相通信和实现资源共享的网络体系。

4. 无线局域网的常见标准

802.11b 标准规定了 WLAN 工作于 2.4GHz 频段，速率达到 11Mb/s，并可在 11Mb/s、5.5Mb/s、2Mb/s、1Mb/s 之间进行速率自动切换。

802.11a 标准规定了 WLAN 工作于 5GHz 频段，借助正交频分复用（OFDM）的独特扩频技术将最高速率提升至 54 Mb/s。

802.11g 标准规定了 WLAN 工作于 2.4GHz 频段，兼容 802.11a 和 802.11b，最高速率亦提升至 54 Mb/s。

802.11n 标准向下兼容 802.11a/b/g，可以支持 2.4GHz 和 5GHz 两个工作频段，最高速率可达 300Mb/s。

任务实施

第一步：连接无线路由器。

将台式计算机用网线连接在路由器的 LAN 口（黄色的接口）上，将连接 Internet 的网线连接在路由器的 WAN 口（蓝色的接口）上，如图 1-3-45 所示。

图 1-3-45　台式计算机连接无线路由器

第二步：登录无线路由器。

在 IE 浏览器中输入路由器的 IP 地址（路由器的 IP 地址一般写在路由器的背面），这里使用 192.168.1.1，在弹出的身份验证的对话框中输入登录用户名和密码，一般用户名和密码均为 admin，如图 1-3-46 所示。

图 1-3-46　登录无线路由器

第三步：设置接入 Internet。

选择"设置向导"选项，在弹出的对话框中选中"PPPoE（ADSL 虚拟拨号）"单选按钮，单击"下一步"按钮，如图 1-3-47 所示。

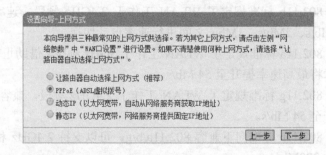

图 1-3-47　选择 PPPoE（ADSL 虚拟拨号）

输入上网账号和口令（该上网账号和口令由电信、联通等互联网服务提供商提供），单击"下一步"按钮，如图 1-3-48 所示。

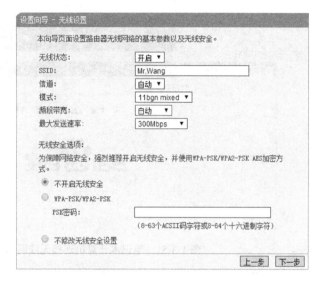

图 1-3-48　输入 ISP 提供的账号、口令

第四步：设置 Wi-Fi。

根据需要设置 SSID，其中 SSID 是 Service Set Identifier 的缩写，意思是服务集标识，如图 1-3-49 所示。

图 1-3-49　设置 SSID

第五步：完成设置。

单击"完成"按钮，完成设置，如图 1-3-50 所示。

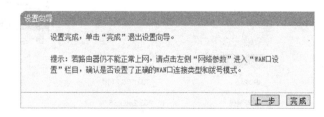

图 1-3-50　完成设置

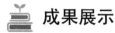 **成果展示**

台式计算机通过双绞线连接路由器，笔记本计算机和手机可通过查找无线网络连接之前设置的 SSID 名称（Mr.Wang），即可访问 Internet，如图 1-3-51 和图 1-3-52 所示。

图 1-3-51　笔记本计算机连接无线网络访问 Internet

图 1-3-52　手机连接无线网络访问 Internet

拓展练习

（1）设置上网方式中 PPPoE、静态 IP、动态 IP 三种方式的区别是什么？每种模式在什么情况下使用？

（2）需要接入网络访问 Internet 的设备 IP 地址是手动设置的还是动态获取的？为什么？

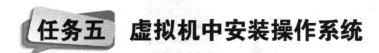

任务目标

通过使用 VMware 虚拟机安装 Windows 7 操作系统，模拟小王安装操作系统的步骤。

知识准备

1. 虚拟机概述

虚拟机是指通过软件模拟的具有完整硬件系统功能、运行在一个完全隔离环境中的完整的计算机系统。虚拟系统具有和真实系统完全一样的功能。在虚拟系统中的所有操作都是全新的、独立运行，不会对真实的系统产生任何影响。

常用的虚拟机软件有 VMware、VirtualBox 和 Virtual PC 等，本书主要以 VMware 试用版为例介绍其具体的操作方法。

2. Windows 7 操作系统概述

Windows 7 是由微软公司（Microsoft）开发的操作系统，内核版本号为 Windows NT 6.1。Windows 7 可供家庭及商业工作环境、笔记本计算机、平板计算机、多媒体中心等使用。

任务实施

第一步：运行 VMware。

双击桌面上的 **vmware** 图标，运行 VMware。

第二步：创建虚拟机。

在"主页"窗口中单击"创建新的虚拟机"图标，在弹出的"新建虚拟机向导"对话框中选中"典型"单选按钮，单击"下一步"按钮，如图 1-3-53 所示。

选中"稍后安装操作系统"单选按钮，单击"下一步"按钮；在"选择客户机操作系统"对话框中，选择"Microsoft Windows"中的"Windows7"版本，单击"下一步"按钮，如图 1-3-54 所示。

设置虚拟机的名称为"Windows 7"，设置虚拟机文件的存放路径为"E:\Windows7"，单击"下一步"按钮；设置虚拟机的最大磁盘大小为 60GB，选中"将虚拟磁盘拆分成多个文件"单选按钮，单击"下一步"按钮；单击"完成"按钮，完成虚拟机的创建，如图 1-3-55 和图 1-3-56 所示。

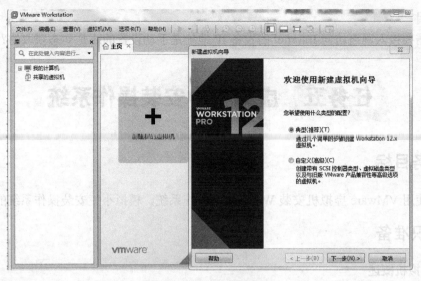

图 1-3-53 新建虚拟机

图 1-3-54 选择所安装系统的版本

图 1-3-55 虚拟机基本设置

图 1-3-56　完成虚拟机创建

第三步：桥接网卡。

在"Windows 7"选项卡里，单击"编辑虚拟机设置"超链接，然后选中"网络适配器"选项，在"网络连接"中选中"桥接模式（B）：直接连接物理网络"单选按钮，单击"确定"按钮完成桥接，如图 1-3-57 所示。

图 1-3-57　设置网卡桥接模式

第四步：导入光盘镜像。

在"Windows 7"选项卡里，单击"编辑虚拟机设置"超链接，然后选中"CD/DVD（SATA）"选项，在"连接"选项下选中"使用 ISO 映像文件"单选按钮，导入 Windows 7 的镜像文件，如图 1-3-58 所示。

第五步：打开虚拟机。

单击"开启此虚拟机"超链接，进入 Windows 7 操作系统安装界面，如图 1-3-59 所示，Windows 7 的具体安装步骤与真实计算机操作系统的安装步骤一致，这里省略。

图 1-3-58　设置 ISO 映像文件

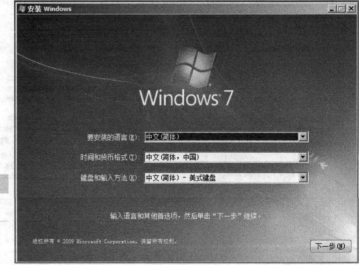

图 1-3-59　开启虚拟机安装操作系统

成果展示

通过虚拟软件安装的 Windows 7 操作系统界面如图 1-3-60 所示。

拓展练习

（1）在虚拟机中安装 Windows 10 操作系统。

（2）使用光盘在物理机上进行 Windows 7 操作系统的安装，安装步骤与方法可以参考网上相应的资料。

（3）虚拟机软件中能同时运行多个虚拟机进入不同的操作系统吗？

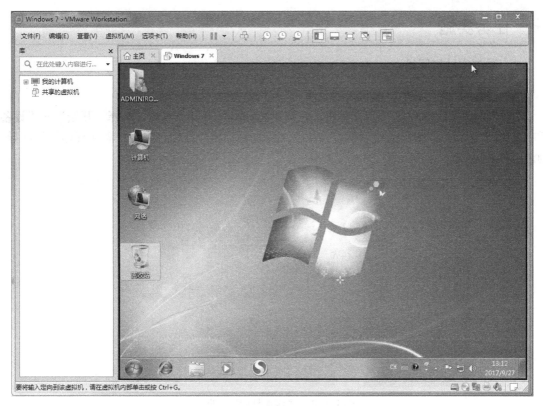

图 1-3-60 操作系统界面

 **任务六** 打印机安装与共享

任务目标

为小王添加打印机，并实现打印机共享。在虚拟机上添加本地打印机，在物理机上连接该共享的打印机。

知识准备

1. 本地打印机

通过相关驱动程序和配置程序，在计算机上直接设置的打印机配置工具，称为本地打印机。本地打印机可供本机使用，也可供远程使用。

2. 打印机共享

打印机共享是指将本地打印机通过网络共享给其他用户，这样其他用户也可以使用打印机完成打印服务。

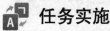 任务实施

1. 添加本地打印机

第一步：打开"添加打印机"对话框。

把打印机的 USB 线连接到计算机上，启动打印机，打开计算机，选择"开始"→"设备和打印机"选项，在弹出的对话框中，单击"添加打印机"按钮，弹出"添加打印机"向导，如图 1-3-61 所示。

图 1-3-61 "添加打印机"向导

第二步：选择打印机端口。

选择"添加本地打印机"选项，在弹出的对话框中选择打印机端口，默认推荐打印机端口为"LPT1"，如果打印机端口为 USB，则可单击下拉按钮选择匹配的端口，如图 1-3-62 所示。

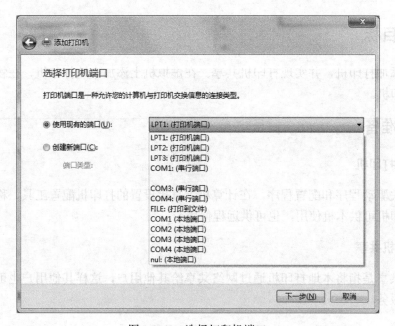

图 1-3-62 选择打印机端口

第三步：选择驱动程序的安装方式。

如果计算机上有打印机驱动程序，就单击"从磁盘安装"，选择存放驱动程序的位置；如果没有驱动程序，就使用系统自带的驱动程序，从列表选项中选择相对应的打印机型号，单击"下一步"按钮，如图 1-3-63 所示。

图 1-3-63　选择打印机驱动程序

第四步：打印机创建完成。

设置打印机名称，单击"下一步"按钮；选择不共享这台打印机（共享方法之后会详细说明），单击"下一步"按钮；勾选"设置为默认打印机"复选框，单击"完成"按钮，如图 1-3-64 所示。

图 1-3-64　打印机完成创建

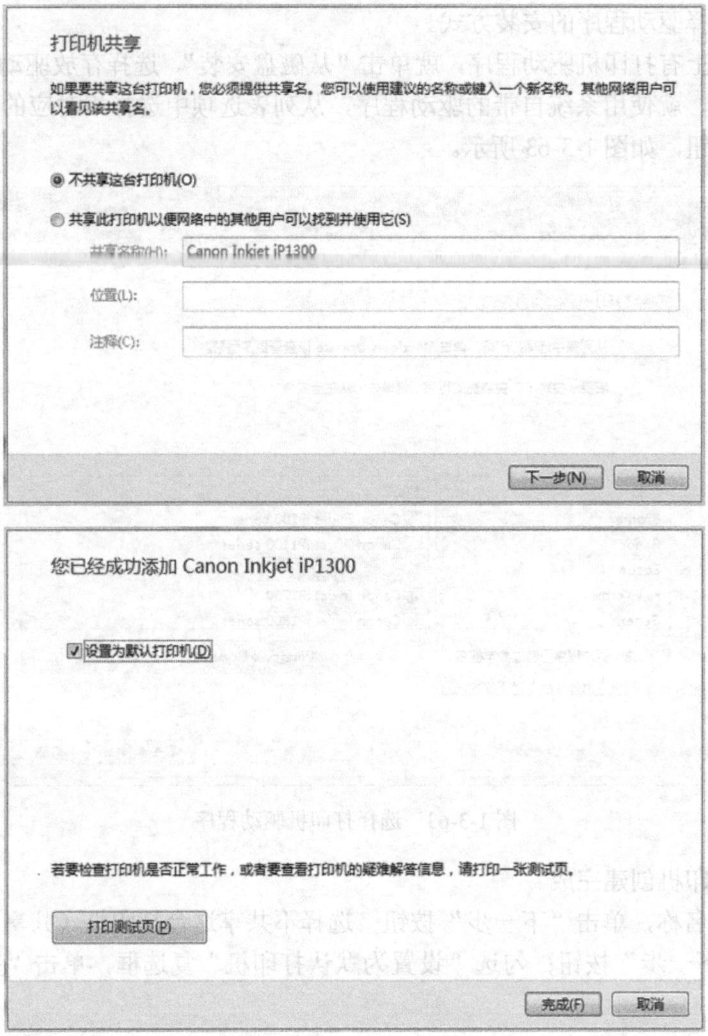

打印机共享

如果要共享这台打印机，您必须提供共享名。您可以使用建议的名称或键入一个新名称。其他网络用户可以看见该共享名。

○ 不共享这台打印机(O)

○ 共享此打印机以便网络中的其他用户可以找到并使用它(S)

共享名称(H):　Canon Inkjet iP1300

位置(L):

注释(C):

下一步(N)　　取消

您已经成功添加 Canon Inkjet iP1300

☑ 设置为默认打印机(D)

若要检查打印机是否正常工作，或者要查看打印机的疑难解答信息，请打印一张测试页。

打印测试页(P)

完成(F)　　取消

图 1-3-64　打印机完成创建（续）

2. 添加网络打印机

添加网络打印机分为两步：一是在安装了打印机的计算机上将打印机设置为共享；二是在有需要的计算机上连接共享打印机。

第一步：将打印机设为共享。

选择"开始"→"设备和打印机"选项，在打开的窗口中选择要共享的打印机，右击，在弹出的快捷菜单中选择"打印机属性"选项；在弹出的"打印机属性"对话框中，选择"共享"选项卡，勾选"共享这台打印机"复选框，并输入共享名称。如果这台打印机被使用不同版本 Windows 系统的用户共享，则可以单击"其他驱动程序"按钮，安装其他驱动程序，这样当用户连接到共享打印机时就不需要再查找打印驱动程序了，如图 1-3-65 所示。

单击"确定"按钮，可以看到打印机图标后多了两个人形标识，该标识意味着打印机已被共享，如图 1-3-66 所示。

图 1-3-65　设置打印机共享

图 1-3-66　打印机共享成功

第二步：连接共享打印机。

打开"设备和打印机"窗口，单击"添加打印机"按钮，在弹出的对话框中，选择"添加网络、无线或 Bluetooth 打印机"选项，如图 1-3-67 所示。

在弹出的对话框中等待计算机自动搜索共享的打印机，如果有要连接的打印机，请单击打印机选择连接；如果所需要的打印机不在对话框中，则选择"我需要的打印机不在列表中"。这里选择之前共享的打印机，如图 1-3-68 所示。

在弹出的对话框中，确认添加的打印机信息无误后单击"下一步"按钮，如图 1-3-69 所示。

中小型网络构建与管理

图 1-3-67 添加网络、无线或 Bluetooth 打印机

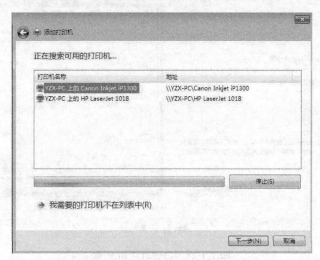

图 1-3-68 搜索可用的打印机

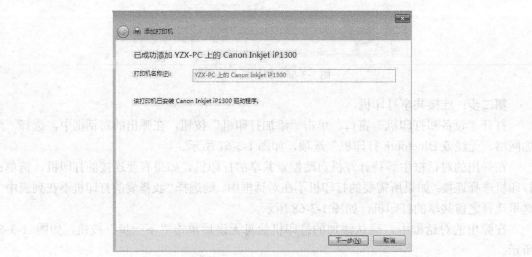

图 1-3-69 添加网络打印机

050

完成网络打印机的添加，如图 1-3-70 所示。

图 1-3-70　成功添加网络打印机

🌱 成果展示

添加本地打印机成功后，在"设备和打印机"窗口中，就出现了刚才安装的打印机图标，如图 1-3-71 所示。

图 1-3-71　添加本地打印机图标

添加网络打印机成功后，在"设备和打印机"窗口中，就出现了刚才安装的打印机图标，如图 1-3-72 所示。

图 1-3-72　添加网络打印机图标

🎯 拓展练习

（1）通过查找"共享"的方式添加网络打印机。

（2）在共享本地打印机的时候，关闭 Windows 7 系统的 Guest 账户，其他人是否还能连接共享的打印机呢？计算机会出现什么样的提示？

任务七 文件及文件夹共享与访问

任务目标

为小王实现文件的共享，该任务可在虚拟机与物理机之间模拟完成。在虚拟机中共享 C:/MP3 文件夹，在物理机上访问该文件夹。

知识准备

1. 计算机文件

计算机文件（或称文件、计算机档案、档案），是存储在某种长期储存设备上的一段数据流。所谓"长期储存设备"一般指磁盘、光盘、磁带等，其特点是所存信息可以长期、多次使用，不会因为断电而消失。其常见的类型有文档、图片、相册、音乐、音乐集，等等。

2. 计算机文件夹

计算机文件夹是用来协助人们管理计算机文件的，每一个文件夹对应一块磁盘空间，它提供了指向对应空间的地址，它没有扩展名，也不像文件那样用扩展名来标识。

任务实施

第一步： 打开文件夹共享属性。

选择需要共享的文件夹并右击，在弹出的快捷菜单中选择"属性"选项；在弹出的"mp3属性"对话框中选择"共享"选项卡，单击"共享"按钮，如图 1-3-73 所示。

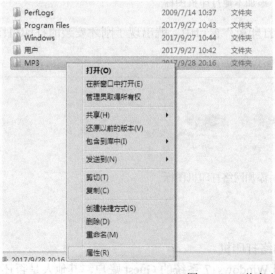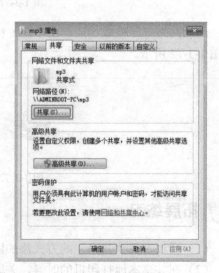

图 1-3-73 共享文件夹

第二步：设置共享用户。

在"文件共享"对话框中，可以设置哪些用户可以访问此共享文件夹及访问的权限是"完全控制""更改""读取"；选择"Everyone"选项，单击"添加"按钮，选择权限为"读取"；单击"共享"按钮，如图 1-3-74 所示。

图 1-3-74　设置共享用户

第三步：完成文件共享。

在确认共享信息无误后，单击"完成"按钮，如图 1-3-75 所示。

图 1-3-75　完成文件共享

第四步：设置"网络和共享中心"。

回到文件"属性"对话框，单击"网络和共享中心"超链接；在弹出的对话框中，选中"关闭密码保护共享"单选按钮，再单击"保存修改"按钮，如图 1-3-76 所示。

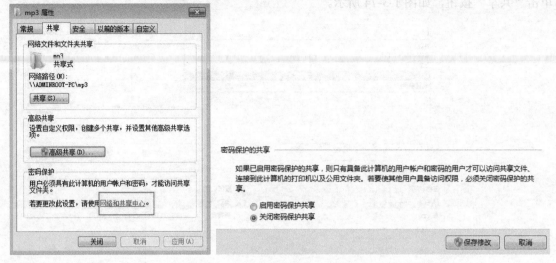

图 1-3-76　设置"网络和共享中心"

成果展示

单击"开始"按钮，在搜索框中输入"\\192.168.41.22"，按回车键，可以访问虚拟机所共享的文件，如图 1-3-77 所示。

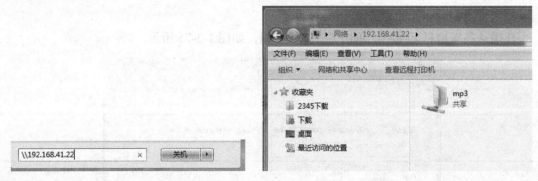

图 1-3-77　访问共享文件

拓展练习

（1）将文件共享权限设置为"读取"，访问共享文件夹时能否上传、下载文件？

（2）将文件共享权限设置为"读/写"，访问共享文件夹时能否上传、下载文件？

単元四

▶ 家庭网络测试

　网络线缆通断测试

👆 任务目标

对小王家的网络综合布线系统进行通断测试。

⟳ 知识准备

1. 测线仪

测线仪是用来测试双绞线短路、开路、线序对错的仪器。它可以对双绞线 1、2、3、4、5、6、7、8，G 线对逐对测试，如图 1-4-1 所示。其中，OFF 为关闭，ON 为打开，S 为慢速。

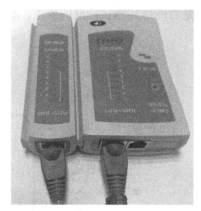

图 1-4-1　测线仪

2. 光功率计

光功率计是用于测量绝对光功率或通过一段光纤的光功率相对损耗的仪器，如图 1-4-2 所示。通过测量发射端机或光网络的绝对功率，一台光功率计就能够评价光端设备的性能。将光功率计与稳定光源组合使用，则能够测量连接损耗、检验连续性，并帮助评估光纤链路的传输质量。其中，AUTO OFF 为自动测试开关；ZERO 是调零；dB 是测量值，以 mW\pW\nW\uW 或 dBm 为单位显示，λ 是指光波波长。

3. 红光笔

红光笔又称通光笔、笔式红光源、可见光检测笔、光纤故障检测器、光纤故障定位仪等，多数用于检测光纤断点，目前按其最短检测距离可划分为 5km、10km、15km、20km、25km、30km、35km、40km 等，如图 1-4-3 所示。

图 1-4-2　光功率计

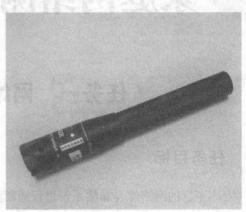

图 1-4-3　红光笔

3. 电缆链路测试要求

综合布线系统工程中，电缆敷设这一块的最终步骤是对整个电缆系统的测试和评估。一般来说，新敷设的电缆有很多线对，每个线对的两端都需要端接，1 根普通的 4 线对水平电缆就需要 8 次端接，所以新敷设的电缆都有可能存在一些问题。测试可以确定电缆是否端接正确，其性能是否能达到测试标准的要求。本任务使用网络测试仪对电缆链路进行通断测试，如图 1-4-4 所示。

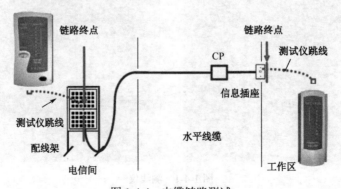

图 1-4-4　电缆链路测试

任务实施

按照国家标准《综合布线系统工程验收规范》（GB/T 50312—2016）对项目中所有的电缆链路进行测试，并做出故障记录。

电缆测试参考图如图 1-4-1 所示，测试步骤如下。

第一步：制作好一根 RJ-45 测试跳线。

第二步：RJ-45 跳线一头插入模块面板，另一头插入网络测试仪主机的 RJ-45 接口；电缆链路另一端的水晶头插入网络测试仪副机的 RJ-45 接口。

第三步：拨动开关至"ON"位置，观察主、副机上的指示灯闪烁情况，正常情况下，该指示灯应按 1～8 的顺序同步依次亮起。如有灯不亮，或不按顺序亮起，则说明链路有断路或错线的情况。

电光缆测试步骤如下。

第一步：设定基准（参考）值。

打开光功率计，通过 λ 键来选择正确的工作波长。打开光源（发射源），选择正确的波长并使其稳定（本过程需要 1～2 分钟）。选择一根用来连接光源的光纤跳线，我们称之为发射源跳线，清洁发射源跳线的连接器（注意：发射源跳线所使用的光纤必须与被测光纤链路所使用的光纤相同），用发射源跳线将光源（发射源）与光功率计相连。设定至 dB 挡，得到此时测得的光功率值（注意：此时测得的光功率值应该与光源"发射源"本身的设定值相近，如果有较大偏差，请仔细清洁各个连接端面或者及时更换发射源跳线）。按光功率计的 dB 键，此时显示的读数为 0.00，并将所测的光功率值设置成为基准（参考）值。

第二步：光纤链路损耗测量。

保持发射源跳线与光源（发射源）的连接。把光源（发射源）分别与需要测量的光纤链路进行连接，此时显示的读数就是被测光纤链路的损耗，单位为 dB。

成果展示

按照任务实施的测试方法对小王家所有的信息点进行测试。测试完毕后，如发现不合格链路马上进行整改直至合格。

拓展练习

（1）测线仪拆开是否能正常测试？

（2）为什么有时测线仪的一端连接，另一端没有连接，而测试灯依然会按照顺序亮起呢？

任务二 编写测试报告

任务目标

根据单元三"主卧"和"次卧"两个区域在实训木墙上模拟综合布线任务，编写这两个区域的测试报告。

知识准备

1. 测试报告

测试报告就是把测试的过程和结果写成文档，是测试阶段最后的文档产出物。一份详细的测试报告包含足够的信息，包括产品质量和测试过程的评价，测试报告基于测试中的数据采集及对最终的测试结果的分析。

2. 为什么要写测试报告

写测试报告是为了对发现的问题和缺陷进行分析，为纠正项目存在的质量问题提供依据，同时为项目验收和交付打下基础。

任务实施

针对本单元任务一测试的方法和结果，按照表 1-4-1 所示的格式填写测试报告。

表 1-4-1　网络通断测试报告

项 目 名 称		测 试 人 员		
测试结果	检查内容	合格	不合格	备注
反馈意见				
				年　月　日

成果展示

网络通断测试报告

项 目 名 称	"主卧"和"次卧"两个区域测试项目	测 试 人 员		张三、李四
测试结果	检查内容	合格	不合格	备注
	主卧线路	0	1	2 号、4 号线路不通
	次卧线路	1	0	
	光纤链路	0	1	无光源射出
反馈意见	经过检测发现，主卧的线路存在问题，其中主卧的线缆存在压接错误导致的测试不通问题，且光纤链路冷接端子未连接好，必须对这两处进行整改			
				××××年××月××日

思考练习

完整的测试报告除了对线缆的通断总结，还应该包括哪些内容？

单元五

家庭网络管理与维护

系统备份与还原

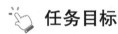

任务目标

小王安装好计算机的操作系统后，为防止今后计算机遭到病毒攻击导致系统崩溃的问题，希望将系统进行备份；当系统崩溃需要还原的时候，能对系统进行还原。

知识准备

什么是系统备份与还原？

系统备份就是将已安装好的系统保存一份，当计算机被病毒或者其他原因导致不能正常工作时，可以利用之前的备份文件，将系统还原到之前备份的状态，这样计算机即能恢复正常工作。Windows 7 操作系统自带备份还原功能，本书使用第三方软件——一键 GHOST 还原工具进行介绍。

注意：备份前建议安装好必要的软件，将计算机彻底杀毒，保证系统完好。

任务实施

1. 系统备份

第一步：进入 GHOST 界面。

双击桌面上的 ![一键GHOST] 图标，打开软件。选中"GHOST 11.2"单选按钮，如图 1-5-1 所示。

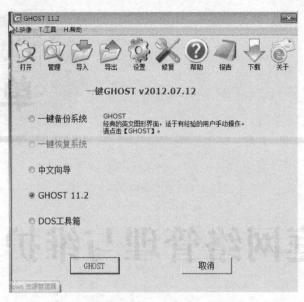

图 1-5-1 打开 GHOST 软件

选择第一项 "GHOST, DISKGEN, MHDD, DOS", 按回车键。输入 "3", 选择第三项 "GHOST 11.2", 按回车键, 如图 1-5-2 所示。

第二步: 使用 GHOST 备份系统。

选择 "Local" → "Partition" → "To Image" 选项, 选择第一块硬盘后单击 "OK" 按钮, 进入下一步操作, 选择系统所在的盘(这里选择第 4 个), 单击 "OK" 按钮进入下一步操作, 如图 1-5-3 所示。

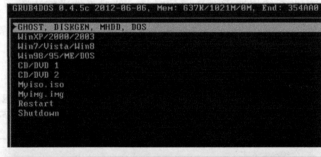

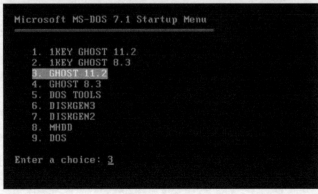

图 1-5-2 进入 GHOST 界面

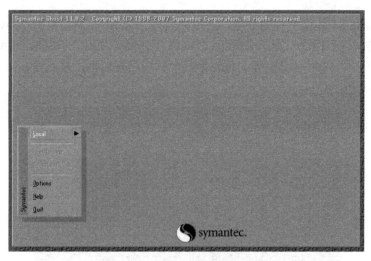

图 1-5-2　进入 GHOST 界面（续）

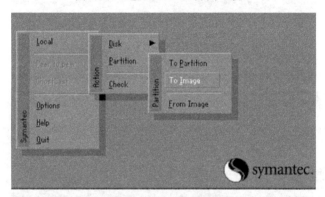

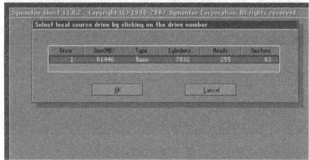

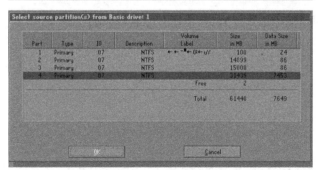

图 1-5-3　选择备份的磁盘及分区

选择存放 GHOST 镜像文件的分区，这里命名为"Ghost"，然后单击"Save"按钮。在选择是否压缩备份镜像界面中，有三个按钮："NO"不压缩，"Fast"（快速，压缩率低，体积相对较大，速度快），"High"（高压缩，压缩率高，体积相对较小，速度慢），一般单击"Fast"按钮，如图 1-5-4 所示。

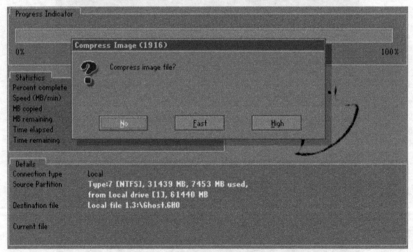

图 1-5-4　保存备份文件及备份方式

在弹出的确认对话框中单击"Yes"按钮开始备份，如图 1-5-5 所示。

图 1-5-5　开始备份系统

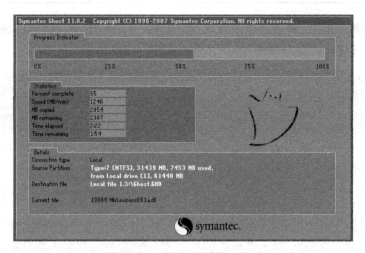

图 1-5-5　开始备份系统（续）

2. 系统还原

第一步：进入 GHOST 界面。

第二步：使用 GHOST 还原系统。

选择"Local"→"Partition"→"From Image"选项；找到之前保存的 GHOST 镜像文件，单击"Open"按钮，进入下一步操作，如图 1-5-6 所示。

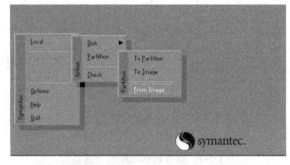

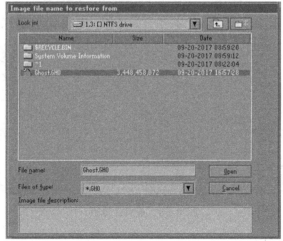

图 1-5-6　打开备份文件

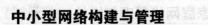
查看镜像的基本信息,确认后单击"OK"按钮进入下一步操作。选择目标磁盘,单击"OK"按钮,进入下一步操作,再选择要还原的分区,如图1-5-7所示。

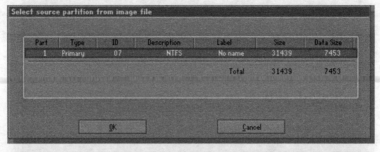

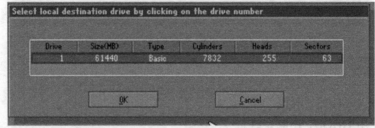

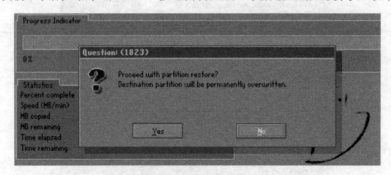

图 1-5-7　查看选择还原的分区信息

在弹出的确认对话框中单击"Yes"按钮开始还原,完成后重启计算机,如图1-5-8所示。

图 1-5-8　重启计算机

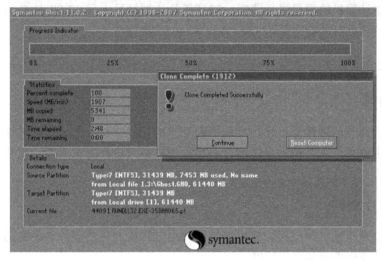

图 1-5-8 重启计算机（续）

成果展示

  使用一键 GHOST 还原工具完成备份后，可以在磁盘中看到如图 1-5-9 所示的文件。我可以修改桌面图标，再利用一键 GHOST 还原工具将系统还原到备份时的状态，这部分成果不做展示。

图 1-5-9 备份成功后的文件

拓展练习

（1）使用一键 GHOST 还原工具备份家中计算机的系统。

（2）使用 Windows 7 自带的备份还原功能备份系统，总结其与一键 GHOST 还原工具操作步骤的区别。

任务二 系统优化与安全配置

任务目标

对小王家中计算机的磁盘进行清理，制订任务计划每月 1 日 12:00 对 C 盘进行磁盘碎片整理，开启系统防火墙功能并关闭 135、139 和 445 端口。

知识准备

1. 磁盘清理

磁盘清理功能是清理计算机使用过程中留下来的垃圾文件。如果这些垃圾文件长期不进行清理，会占用磁盘空间、拖慢系统运行速度，因此适时进行磁盘清理，能让操作系统运行得更加流畅。

2. 磁盘碎片整理

磁盘碎片整理指通过程序对计算机在长期使用过程中产生的碎片和凌乱的文件重新进行整理，以提高计算机性能和运行速度。

3. 计算机防火墙

任务实施

第一步：磁盘清理。

打开"计算机"窗口，选中"C 盘"并右击，选择"属性"选项，弹出 C 盘属性对话框，单击"磁盘清理"按钮，进入磁盘清理界面，如图 1-5-10 所示。

在磁盘清理界面中勾选需要清理的文件，单击"清理系统文件"按钮，弹出确认对话框，单击"删除文件"按钮，等待完成磁盘清理即可，如图 1-5-11 所示。

第二步：磁盘碎片整理。

打开"计算机"窗口，选中"C 盘"并右击，选择"属性"选项，弹出 C 盘属性对话框，选择"工具"选项卡，单击"立即进行碎片整理"按钮，弹出"磁盘碎片整理程序"对话框，如图 1-5-12 所示。

图 1-5-10　进入磁盘清理界面

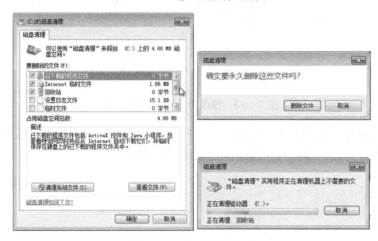

图 1-5-11　完成磁盘清理

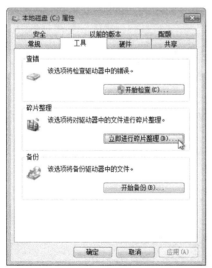

图 1-5-12　打开磁盘碎片整理程序

单击"配置计划"按钮,弹出修改计划对话框,根据需求修改"频率""日期""时间""磁盘",修改完毕后单击"确定"按钮,如图 1-5-13 所示。

图 1-5-13　修改磁盘碎片整理计划

单击"分析磁盘"按钮,查看是否需要进行磁盘碎片整理,分析完毕后单击"磁盘碎片整理"按钮,等待完成磁盘碎片整理即可,如图 1-5-14 所示。

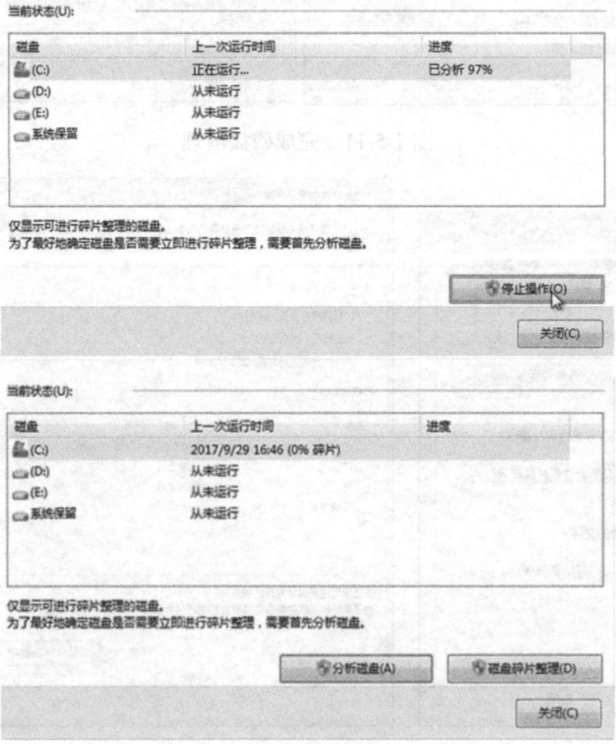

图 1-5-14　分析磁盘及碎片整理

第三步：设置防火墙关闭端口。

选择"开始"→"控制面板"选项，打开控制面板窗口，选择"Windows 防火墙"选项，在弹出的"Windows 防火墙"窗口中单击左侧的"高级设置"超链接，如图 1-5-15 所示。

图 1-5-15　防火墙高级设置

单击"高级安全 Windows 防火墙"对话框左侧的"入站规则"节点，然后选择右侧的"新建规则"选项，如图 1-5-16 所示。

图 1-5-16　新建入站规则

选中"端口"单选按钮，单击"下一步"按钮；选择"TCP"协议（注意 UDP 协议也需要按照该步骤操作一次），选中"特定本地端口"单选按钮，输入"135，139，445"，端口号中间用逗号隔开即可，然后单击"下一步"按钮，如图 1-5-17 所示。

选中"阻止连接"单选按钮，然后单击"下一步"按钮；在"何时应用该规则"选项组中根据需要勾选"域""专用""公用"复选框，单击"下一步"按钮，如图 1-5-18 所示。

根据需要输入"名称"和"描述"，单击"完成"按钮，如图 1-5-19 所示。

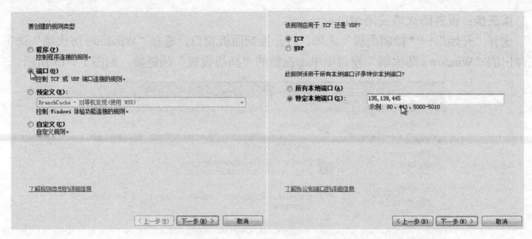

图 1-5-17　设置协议及端口

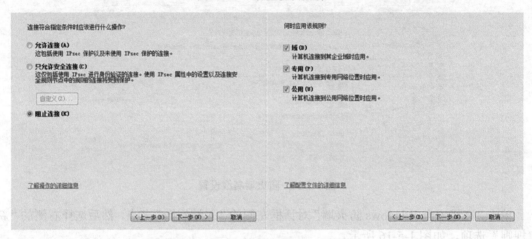

图 1-5-18　选择操作类型及应用场景

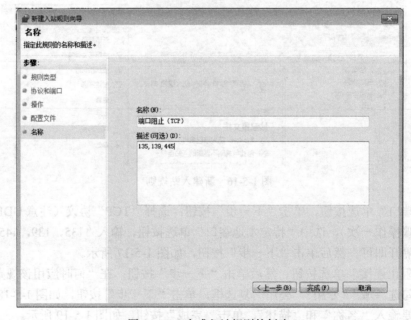

图 1-5-19　完成入站规则的创建

成果展示

磁盘清理和磁盘碎片整理结果在此已省略，使用防火墙功能禁用端口的结果如图 1-5-20 所示。

图 1-5-20　禁用端口结果

拓展练习

（1）防火墙的分类有哪些？
（2）入站规则与出站规则的区别是什么？

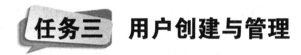

任务三　用户创建与管理

任务目标

为小王家的计算机系统创建 2 个用户，其中 a1 用户为标准账户，b1 用户为管理员账户。

知识准备

1. Windows 系统账户类型

Windows 系统账户根据安装权限的不同可以分为管理员账户、标准账户和来宾账户。

1）管理员账户

管理员账户（Administrator）拥有对全系统的控制权，能改变系统设置，可以安装和删除程序，能访问计算机上所有的文件；除此之外，它还拥有控制其他用户的权限。

2）标准账户

标准账户是受到一定限制的账户，在系统中可以创建多个此类账户，也可以改变其账户类型。该账户可以访问已经安装在计算机上的程序，可以设置自己账户的图片、密码等，但无权更改大多数计算机的设置。

3）来宾账户

来宾账户（Guest）是为那些在计算机上没有账户的用户提供一个临时使用的账户，主要用于远程登录的网上用户访问计算机系统。来宾账户仅有最低的权限，没有密码，无法对系统做任何修改，只能查看计算机中的资料。

任务实施

第一步：进入本地用户管理界面。

右击桌面上的"计算机"图标，选择"管理"选项，进入"计算机管理"界面；选择"本地用户和组"中的"用户"选项，如图 1 5 21 所示。

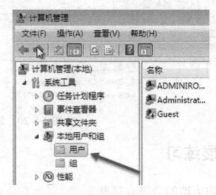

图 1-5-21　进入本地用户管理界面

第二步：添加标准账户。

在本地用户管理界面中右击，选择"新用户"选项，这里创建一个用户名为 a1、密码为空的标准账户；取消勾选"用户下次登录时须更改密码"复选框，勾选"用户不能更改密码"、"密码永不过期"复选框；完成后单击"创建"按钮，如图 1-5-22 所示。

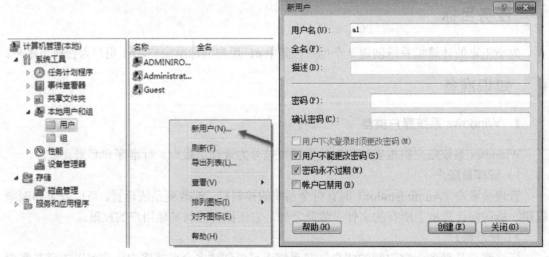

图 1-5-22　添加标准账户

第三步：添加管理员账户。

添加一个用户名为 b1、密码为 123456 的标准账户，此步骤与第二步一致；选择 b1 账户并右击，在打开的快捷菜单中选择"属性"选项，弹出"新用户"对话框，如图 1-5-23 所示。

图 1-5-23　"新用户"对话框

选择"隶属于"选项卡，选中"Users"用户组（标准账户都隶属于这个用户组）后单击"删除"按钮；删除掉"Users"用户组后单击"添加"按钮，弹出"选择组"对话框，在"输入对象名称来选择（示例）"中输入"administrators"用户组（管理员账户都隶属于这个用户组），单击"确定"按钮，如图 1-5-24 所示。

图 1-5-24　添加管理员用户组

在"b1 属性"对话框中可以看到，b1 已经隶属于"Administrators"用户组，单击"确定"按钮，完成 b1 管理员账户的创建，如图 1-5-25 所示。

成果展示

创建标准账户 a1 和管理员账户 b1 的最后效果如图 1-5-26 所示。

图 1-5-25　完成 b1 管理员用户的创建

图 1-5-26　标准账户与管理员账户创建结果

拓展练习

（1）简述管理员账户、标准账户、来宾账户的区别。

（2）创建 a1、a2、a3 三个账户，其中 a1、a3 为标准账户，a2 为管理员账户。

（3）禁止使用来宾账户。

 **家用无线路由管理与配置**

任务目标

（1）为了提升小王家无线路由的安全性，修改路由器默认的登录管理员账户密码。
（2）设置无线网络密码，实现接入小王家 Wi-Fi 需要设置密码。

知识准备

1. 什么是 WEP

WEP（Wired Equivalent Privacy，有线等效保密）是无线网络上信息加密的一种标准方法。该协议对两台设备间无线传输的数据进行加密，用以防止非法用户接入网络。

2. 什么是 WPA

WPA（Wi-Fi Protected Access，Wi-Fi 保护接入）是一种保护无线网络安全的系统，为无线局域网提供了强大的安全性能，其安全性比 WEP 更好。目前，其有 WPA 和 WPA2 两个标准。

任务实施

第一步： 登录无线路由器。
第二步： 修改无线路由登录用户名和密码。

选择"修改登录口令"选项，进入修改登录用户名和密码界面。修改登录用户名为 wang 密码为 test123，单击"保存"按钮，如图 1-5-27 所示。

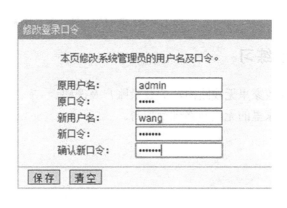

图 1-5-27　修改登录账户密码

第三步： 设置接入无线网络密码。

选择"无线设置"中的"无线安全设置"选项，弹出"无线网络安全设置"对话框，选择"WPA-PSK/WPA2-PSK"模式，使用"AES"加密算法，密码设置为test1111，如图1-5-28所示。

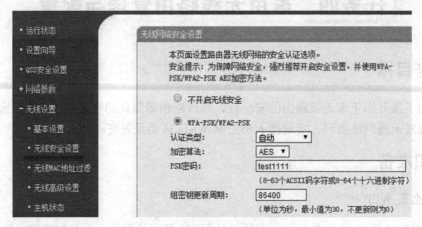

图1-5-28　设置接入无线网络密码

成果展示

任务结果如图1-5-29所示。

图1-5-29　登录无线路由器及接入无线网络

拓展练习

（1）修改家里无线路由器的登录账户及密码。
（2）对家里的无线网络进行加密。

项目二

办公网络构建与管理

办公网络项目背景

柳州市益智软件科技有限公司是柳州市第一职业技术学校校办企业，依托学校人力、技术、场地资源，面向市场独立经营、服务社会，主要从事网络设备销售、网络综合布线与网络管理。该公司现租用实训基地二层作为公司的办公经营场地，现需要为该公司构建办公网络。

1. 项目基本情况

楼层面积约为35m×12m，建筑面积420m2。目前已有校园网预埋光纤到中心设备间，需通过接入校园网访问 Internet。办公室共分 8 个区域，其中总经理办公室 3 个信息点、经理办公室 4 个信息点、会议室 4 个信息点、财务部 6 个信息点、仓管后勤部 4 个信息点、市场部 10 个信息点、售后维护部 8 个信息点、商务接待区 2 个信息点。具体分布情况如图 2-1-1 所示。

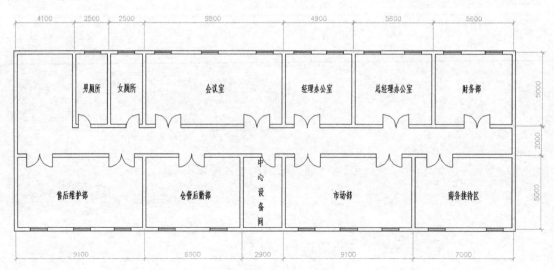

图 2-1-1　办公室平面图

2．应用需求

（1）对所有部门账户进行集中化管理。

（2）为部门内部员工提供动态地址分配方案。

（3）对公司数据提供安全可靠的数据管理。

（4）为部门内员工提供文件的上传、下载。

（5）售后维护部、市场部、仓管后勤部能集中管理每个部门的打印机。

单元二

办公网络设计

 绘制施工平面图

任务目标

使用 AutoCAD 软件为柳州市益智软件科技有限公司绘制综合布线平面图。

知识准备

AutoCAD 软件是美国欧特克（Autodesk）公司旗下的一款自动计算机辅助设计软件。它可以用于土木建筑、装饰装潢、工业制图、工程制图、电子工业、服装加工等多方面领域，在全球得到了广泛使用。

任务实施

第一步：运行 AutoCAD 2010。

双击桌面上的 图标，启动 AutoCAD 2010。

第二步：切换工作空间。

单击左下角的"切换空间"按钮，将"二维草图与注释"更改为"AutoCAD 经典"，如图 2-2-1 所示。

第三步：设置图纸精度单位。

选择"格式"→"单位"选项，在弹出的对话框中修改"长度"的"精度"为 0，单击"确定"按钮，如图 2-2-2 所示。

图 2-2-1　选择家居规划模板类型

图 2-2-2　设置图纸精度

第四步：设置图形界限。

选择"格式"→"图形界限"选项，在命令框中的"指定左下角点"处输入"0,0"，按回车键确定；在"指定右上角点"中输入"45000,18000"（注意，右上角点根据图纸大小范围确定），按回车键确定，如图 2-2-3 所示。

图 2-2-3　设置图形界限

第五步：绘制轴线层。

在命令中输入"z"，启用 ZOOM 显示区域功能，输入"a"选择显示全部范围，如图 2-2-4 所示。

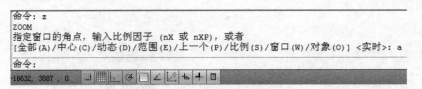

```
命令：z
ZOOM
指定窗口的角点，输入比例因子 (nX 或 nXP)，或者
[全部(A)/中心(C)/动态(D)/范围(E)/上一个(P)/比例(S)/窗口(W)/对象(O)] <实时>: a
命令：
```

图 2-2-4　显示全部图纸范围

选择"格式"→"图层"选项，弹出"图层特性编辑器"对话框，选择新建图层，重命名为"轴线层"；设置轴线层颜色为"红色"，线型单击"加载"按钮；选择"ACAD_ISO04W100"选项，单击"确定"按钮，最后单击 ✓ 图标，将轴线层设置为当前图层；选择"格式"→"线型"选项，弹出"线型管理器"对话框，单击"显示细节"按钮，如图 2-2-5 所示。

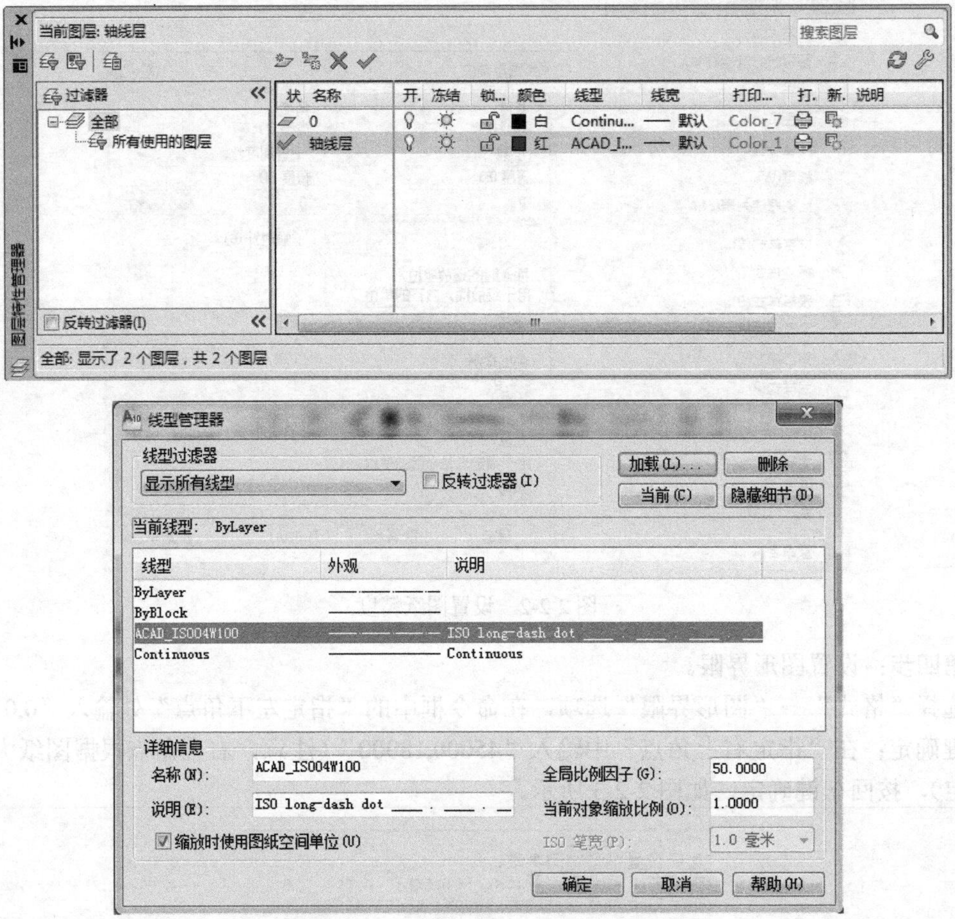

图 2-2-5　设置轴线层线型及颜色

按 F8 键打开正交，选择直线样式，以（0,0）为起点沿 Y 轴绘制长度为 16000 的直线，使用复制工具将所有 Y 轴方向的直线绘制完成；使用同样的方式，以（0,0）为起点沿 X 轴绘制长度为 40000 的直线，通过移动、修剪形成如图 2-2-6 所示图形。

第六步：绘制墙体。

创建墙体图层，颜色、线型、线宽使用默认数值。选择"格式"→"多线"样式，新建样式"WALL240"，设置"偏移"为 120 和-120，单击"确定"按钮，完成多线样式设置，如图 2-2-7 所示。

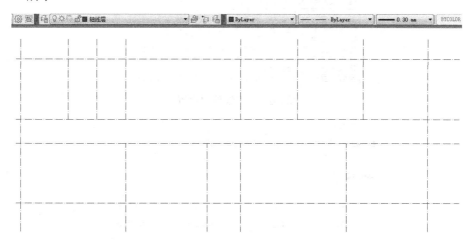

图 2-2-6　轴线层绘制效果

图 2-2-7　设置多线样式

选择"绘图"→"多线"样式，在命令框中输入"st"，输入样式名称"WALL240"；在命令框中输入"j"，选择对正类型为"z"；在命令框中输入"s"，输入比例"1"，如图 2-2-8 所示。

完成上述设置后，使用多线绘制墙体，对于转角及 T 形口，可选择"修改"→"对象"→"多线"样式，在弹出的"多线编辑工具"对话框中进行修改，完成墙体的绘制，如图 2-2-9 所示。

```
当前设置: 对正 = 无, 比例 = 20.00, 样式 = WALL240
指定起点或 [对正(J)/比例(S)/样式(ST)]: st
输入多线样式名或 [?]: WALL240
当前设置: 对正 = 无, 比例 = 20.00, 样式 = WALL240
指定起点或 [对正(J)/比例(S)/样式(ST)]: j
输入对正类型 [上(T)/无(Z)/下(B)] <无>: z
当前设置: 对正 = 无, 比例 = 20.00, 样式 = WALL240
指定起点或 [对正(J)/比例(S)/样式(ST)]: s
输入多线比例 <20.00>: 1
当前设置: 对正 = 无, 比例 = 1.00, 样式 = WALL240
```

图 2-2-8　多线使用设置

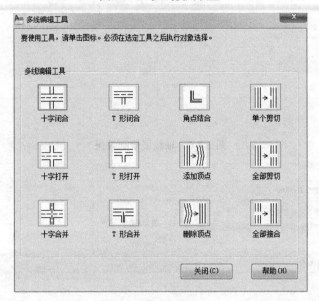

图 2-2-9　多线编辑工具

第七步: 绘制门窗。

根据需求使用"偏移"和"修剪"工具,将门、窗开口按照所需的要求尺寸绘制,如图 2-2-10 所示。

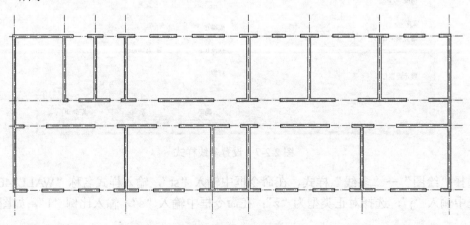

图 2-2-10　门、窗开口

(1) 绘制窗结构(这里窗户宽度为 1200)。

绘制一条长度为 1000 的直线,使用"偏移"工具以 80 为间隔将该直线偏移 3 次(注意,本项目墙体厚度为 240),得到一个图形;对该图形使用"创建块"工具,创建名称为"窗口"

的块，拾取点设置为图形的左下角；在使用"插入块"插入"窗口"块的时候，只需根据比例设置 X 轴的数值为 1.2 即可；根据需要将窗口添加到所需位置。

（2）绘制门结构（这里单开门宽度为 900，双开门宽度为 1800）。

绘制半径为 900 的圆，结合"直线"工具和"修剪"工具绘制┐图形，对该图形使用"创建块"工具，创建名称为"单开门"的块，拾取点设置为图形的左下角；根据需要将窗口添加到所需位置。

按照单开门的绘制方法完成单开门绘制后，使用"镜像"工具绘制◠图形，对该图形使用"创建块"工具，创建名称为"双开门"的块，拾取点设置为图形的左下角；根据需要将窗口添加到所需位置。

门窗绘制完毕，效果如图 2-2-11 所示。

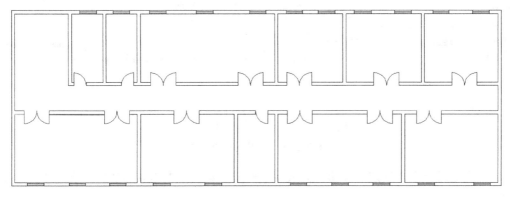

图 2-2-11　添加门窗

第八步：绘制尺寸线。

选择"格式"→"标注样式"选项，弹出"标注样式管理器"对话框；单击"新建"按钮，命名为"尺寸线"；在"修改标注样式：尺寸线"对话框中选择"符号和前头"选项卡，设置箭头"第一个"、"第二个"为建筑标记，"箭头大小"为"200"，如图 2-2-12 所示。

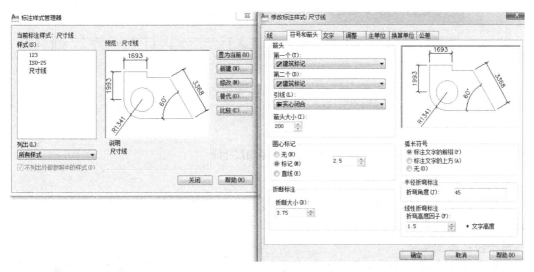

图 2-2-12　设置尺寸线箭头

选择"文字"选项卡，单击"文字样式"旁的 [...] 按钮，弹出"文字样式"对话框；新建名称为"尺寸"的样式，按图 2-2-13 设置字体、高度。

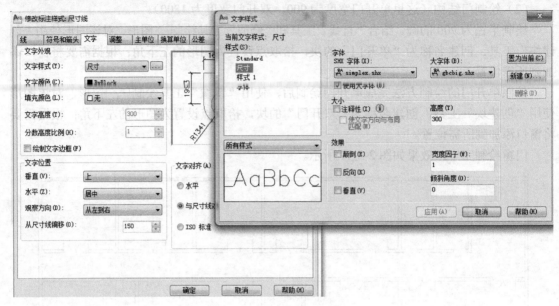

图 2-2-13　设置尺寸线字体

设置完成后单击"确定"按钮，完成标注样式设置，根据需要添加尺寸线，如图 2-2-14 所示。

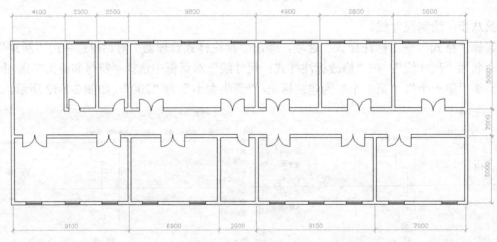

图 2-2-14　添加尺寸线

第九步：标注信息点位置。

使用"创建块"工具，创建"TO 信息点"图形块，根据需求添加到各个房间，用直线工具连接起来，如图 2-2-15 所示。

第十步：添加文字。

选择"格式"→"文字样式"选项，创建"字体"样式，设置字体高度为"600"；使用"多行文字"工具为每个房间添加文字说明，如图 2-2-16 所示。

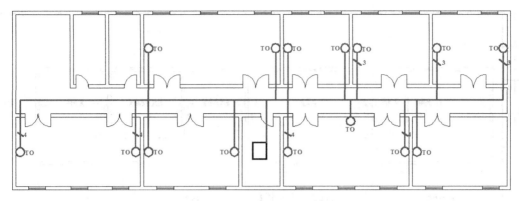

图 2-2-15 标注信息点位置

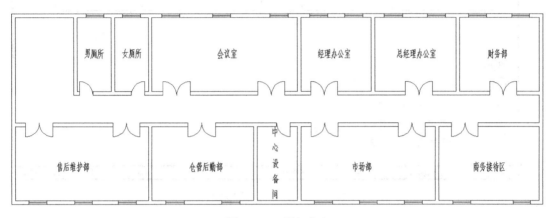

图 2-2-16 添加文字

第十一步：添加图例。

根据图纸内容绘制图例，具体步骤省略，最后效果如图 2-2-17 所示。

第十二步：绘制图纸边框。

新建空白文档，使用直线工具绘制边框，起始点坐标为（0,0），绘制长为 420、宽为 297 的矩形；使用"偏移"工具和"修剪"工具绘制边框；在命令框中输入"wblock"，按回车键，弹出"写块"对话框，单击"拾取点"选择边框左下角，单击"对象"，选择整个图纸边框，将该块存放在指定路径并命名为"A3 图纸边框"。

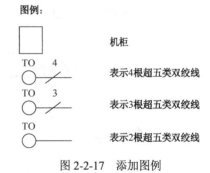

图 2-2-17 添加图例

第十三步：插入边框完成绘制。

在绘制好的图纸文件中，单击"插入块"按钮，再单击"浏览"按钮，选择之前保存的"A3 图纸边框"块，勾选"统一比例"复选框，输入比例：100，单击"确定"按钮，将图纸边框插入合适位置，完成绘制。

🌱 成果展示

柳州市益智软件科技有限公司综合布线平面图最终效果如图 2-2-18 所示。

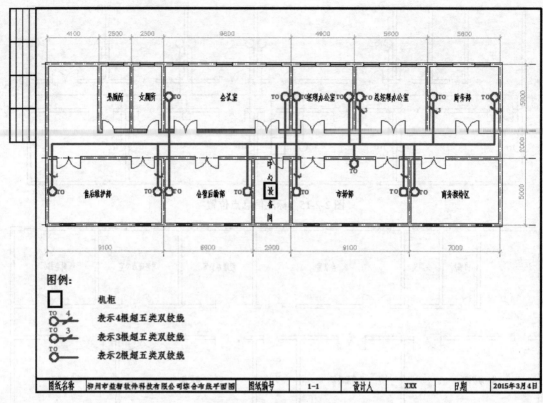

图 2-2-18　综合布线平面图

拓展练习

绘制一楼实训机房的综合布线平面图。

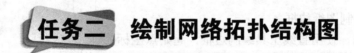

任务二　绘制网络拓扑结构图

任务目标

根据柳州市益智软件科技有限公司综合布线平面图，绘制网络拓扑结构图。

任务实施

实施步骤省略。

成果展示

益智软件科技有限公司网络拓扑结构如图 2-2-19 所示。

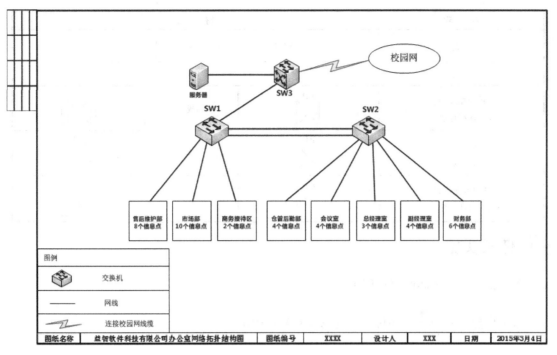

图 2-2-19　网络拓扑结构图

拓展练习

如何绘制实训机房的网络拓扑结构图？

任务三　绘制系统图

任务目标

使用 AutoCAD 软件为柳州市益智软件科技有限公司绘制系统图。

知识准备

1. 系统图

系统图就是通过简单、直观的符号，将复杂的综合布线结构一目了然地展现出来。

2. 常用的系统图符号

常用系统图符号如下。

名　称	符　号		
TO 信息点	——○ TO	或	——[TO
交换机	SW		
楼层配线架 （含跳线连接）	FD ⋈	或	FD ⋈
建筑物配线架 （含跳线连接）	BD ⋈	或	BD ⋈
建筑群配线架 （含跳线连接）	CD ⋈	或	CD ⋈

 任务实施

第一步：运行 AutoCAD 2010。

双击桌面上的 图标，启动 AutoCAD 2010。

第二步：切换工作空间。

单击左下角的"切换空间"按钮，将"二维草图与注释"更改为"AutoCAD 经典"。

第三步：创建"TO 信息点""配线架""交换机"块。

根据符号定义规则，使用"创建块"命令，创建"TO 信息点"图形块。

第四步：插入并连接"TO 信息点""配线架""交换机"。

插入"TO 信息点""配线架""交换机"块，使用直线工具连接，如图 2-2-20 所示。

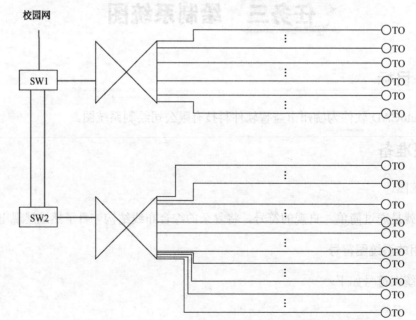

图 2-2-20　连接 TO 信息点、配线架、交换机

第五步：添加文字说明。

添加信息点、配线架等必要的文字说明。

第六步：绘制图例。

绘制配线架、TO 信息点、交换机及连线图例，如图 2-2-21 所示。

图例：

⊠　　　　配线架

──○ TO　　表示TO信息点

──────　表示设备间级联线

SW　　　　表示交换机

图 2-2-21　绘制图例

第七步：绘制并插入图纸边框。

成果展示

柳州市益智软件科技有限公司系统图最终效果如图 2-2-22 所示。

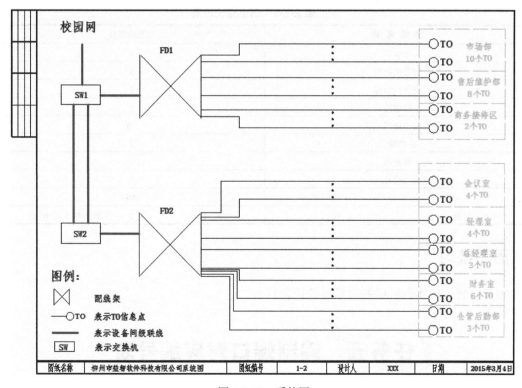

图 2-2-22　系统图

拓展练习

绘制一楼实训机房的系统图。

 编制信息点统计表

 任务描述

根据柳州市益智软件科技有限公司综合布线平面图，使用 Excel 软件编制信息点统计表，统计信息点的数量。

任务实施

实施步骤省略（请参考前面相关项目）。

 成果展示

信息点统计表结果如表 2-2-1 所示。

表 2-2-1　信息点统计表

房 间 名 称	信息点数量
会议室	4
售后维护部	8
仓管后勤部	3
经理室	4
市场部	10
总经理室	3
财务部	6
商务接待区	2
总计	40
制表	张三	日期	2016 年 3 月 16 日

思考练习

如何编制一楼实训机房的信息点统计表？

任务五 **编制端口对应编号表**

任务目标

根据柳州市益智软件科技有限公司综合布线平面图，使用 Excel 软件编制机柜配线架端口标签编号对照表和端口标签号位置对照表。

知识准备

端口对应编号表是记录端口信息与其所在位置的对应关系的二维表。它是网络管理人员在日常维护和检查综合布线系统端口过程中快速查找和定位的依据。

端口对应编号表可分为以下 2 种。

（1）机柜配线架端口标签编号对照表。

该表可表示机柜配线架各个端口和信息点的对应关系。

（2）端口标签号位置对照表。

该表可表示信息点编号和其物理位置的关系。

任务实施

第一步：绘制表格。

打开 Excel 软件绘制表格。

第二步：填写编号。

编号的命名规则可自行定义，但需要注意简单明了的原则，这里采用"部门名称拼音缩写+编号"的方式进行定义。例如，市场部的第 1 个接口，可以命名为"SC01"，其余类似。

第三步：填写制表相关信息。

填写制表、日期等表格相关信息。

成果展示

机框配线架端口标签编号对照表如表 2-2-2 所示。

表 2-2-2　机框配线架端口标签编号对照表

配线架1#																							
1	2	3	4	5	6	7	8	9	10	11	12	13	14	15	16	17	18	19	20	21	22	23	24
SC01	SC02	SC03	SC04	SC05	SC06	SC07	SC08	SC09	SC10	SH01	SH02	SH03	SH04	SH05	SH06	SH07	SH08	SW01	SW02				

配线架2#																							
1	2	3	4	5	6	7	8	9	10	11	12	13	14	15	16	17	18	19	20	21	22	23	24
HY01	HY02	HY03	HY04	CGHQ01	CGHQ02	CGHQ03	ZJL01	ZJL02	ZJL03	CW01	CW02	CW03	CW04	CW05	CW06	JL01	JL02	JL03	JL04				

制表	张三
日期	2016年3月16日

端口标签号位置对照表如表 2-2-3 所示。

表 2-2-3　端口标签号位置对照表

端口标签号位置对照表							
标签编号	标签位置	标签编号	标签位置	标签编号	标签位置	标签编号	标签位置
SC01		SH01		HY01		CW01	
SC02		SH02		HY02	会议室	CW02	
SC03		SH03		HY03		CW03	
SC04		SH04	售后维护部	HY04		CW04	财务部
SC05	市场部	SH05		CGHQ01		CW05	
SC06		SH06		CGHQ02	仓管后勤部	CW06	
SC07		SH07		CGHQ03		JL01	
SC08		SH08		ZJL01		JL02	
SC09		SW01	商务接待区	ZJL02	总经理室	JL03	经理室
SC10		SW02		ZJL03		JL04	
制　表	张三			日　期	2016年3月16日		

为什么需要编制机柜配线架端口标签编号对照表和端口标签号位置对照表？

任务六 编制 IP 地址分配表

任务目标

根据柳州市益智软件科技有限公司各部门信息点数量，使用 192.168.1.0/24 这个网段为每个部门分配 IP 地址。

知识准备

1. IP 地址的概念

IP 地址（IP Address）是由 32 位二进制数组成的逻辑地址，在 Internet 范围内是唯一的。它实现了计算机在 Internet 上的相互通信，如果把计算机比做电话，那么 IP 地址就相当于电话号码。

为了便于使用和记忆，通常用 "." 将 IP 地址分成 4 段（即 4 个 8 位二进制数）。例如，IP 地址 11000000.10101000.00001010.00000001 可以表示成 192.168.10.1。

IP 地址分为两部分：网络号和主机号。网络号用来表示 IP 地址属于哪一个网络，主机号用来表示该主机在这个网络当中的编号。

2. 尺寸子网掩码的概念

子网掩码（Subnet Mask）是由连续的 1 和连续的 0 组成的 32 位的二进制数，连续的 1 表示网络位，连续的 0 表示主机位。子网掩码不能单独存在，它必须与 IP 地址一起使用，用来指明 IP 地址哪部分是网络号、哪部分是主机号。

3. IP 地址分类

IP 地址分为以下五类。

（1）A 类地址：标识位为 0，范围 1～126。

IP 地址：

8 bit	8 bit	8 bit	8 bit
网络位	主机位	主机位	主机位

默认子网掩码：255.0.0.0 或 /8。

一个 A 类地址能够容纳 $2^{8+8+8}-2=16777214$ 台主机。

注意：减去主机位全 0（表示网络号），减去主机位全 1（表示广播地址）。

（2）B 类地址：标识位为 10，范围 128～191。

IP 地址：

8 bit	8 bit	8 bit	8 bit
网络位	网络位	主机位	主机位

默认子网掩码：255.255.0.0 或 /16。

一个 B 类地址能够容纳 $2^{8+8}-2=65534$ 台主机。

注意：减去主机位全 0（表示网络号），减去主机位全 1（表示广播地址）。

（3）C 类地址：标识位为 110，范围 192～223。

8 bit　　8 bit　　8 bit　　8 bit

IP 地址：| 网络位 | 网络位 | 网络位 | 主机位 |

默认子网掩码：255.255.255.0 或 /24。

一个 C 类地址能够容纳 $2^{8}-2=254$ 台主机。

注意：减去主机位全 0（表示网络号），减去主机位全 1（表示广播地址）。

（4）D 类地址：标识位为 1110，范围 224～239，作为组播使用。

（5）E 类地址：标识位为 1111，范围 240～254，作为研究保留。

4．私有地址

IP 地址中有一些被保留用做私有地址，这些地址不能出现在 Internet 上。这些地址如下所示。

（1）A 类：10.×.×.×。

（2）B 类：172.16.×.×到 172.31.×.×。

（3）C 类：192.168.×.×。

（4）169.254.×.×：Microsoft 在 Windows 操作系统中使用 DHCP 信息失败时自动给客户端分配的 IP 地址。

（5）127.×.×.×：Loopback（回环地址）用于测试使用。

5．子网划分

1）子网划分概念

在生活中经常会遇到 IP 地址浪费的问题，例如，A 类的网络有 126 个，每个 A 类网络可能有 16777214 台主机，这些主机都在一个广播域中。由于网络会因为广播通信而饱和，所以一个广播域中有这么多的节点是不可能的，结果绝大多数地址没有分配出去进而产生了极大的浪费。子网划分就是通过改变子网掩码，将一个大的网络分割成多个小网络的，节约了 IP 地址、降低了流量，隐藏了网络的复杂性。

2）子网划分方法

方法一：根据主机台数计算子网掩码。

第一步：看 $2^{N}\approx$ **主机台数**，其中 N 为子网掩码中 0 的个数。

第二步：子网掩码中 1 的个数=32-N，即可求出结果。

例子：某公司得到一个 IP 地址段 160.20.0.0，现在该公司每个子网最多需要 800 台主机，求子网划分后新的子网掩码。

第一步：$2^{10}\approx800$，其中 10 为子网掩码中 0 的个数。

第二步：子网掩码中 1 的个数=32-10=22。

最后答案：160.20.0.0/22（或者写为 160.20.0.0，255.255.252.0）。

方法二：根据子网个数计算子网掩码。

第一步：根据 IP 地址判断**默认的子网掩码 M**，其中 M 为子网掩码中 1 的个数。

第二步：$2^N \approx$ 子网个数，其中 N 为子网划分后新的子网掩码中增加 1 的个数。

第三步：新的子网掩码中 1 的个数=$M+N$，即可求出结果。

例子：某公司得到一个 IP 地址段 160.20.0.0，现在公司需要划分出 56 个子网，求子网划分后新的子网掩码。

第一步：160.20.0.0 是一个 B 类地址，其默认子网掩码为/16，$M=16$。

第二步：$2^6 \approx 56$，$N=6$。

第三步：新的子网掩码中 1 的个数=$M+N=16+6=22$。

最后答案：160.20.0.0/22（或者写为 160.20.0.0，255.255.252.0）。

6. 子网划分进阶应用

例子：某公司获得 192.168.1.0/24 这个网段地址，根据需要进行子网划分后新的子网掩码为/26，求子网划分后每一段可用的地址范围。解题步骤如下所示。

第一步：求子网划分后新的子网掩码中 0 的个数：32-26=6；

第二步：求每个子网中的主机台数=$2^6=64$，也就说明每个网段有 64 个地址（其中包含主机位全 0 和主机位全 1）。

第三步：每个网段有 64 个地址，据此从 192.168.1.0～192.168.1.255 可以写出如下范围：

第一个网段的地址范围：　　　　192.168.1.0～192.168.1.63　　　　/26。

第二个网段的地址范围：　　　　192.168.1.64～192.168.1.127　　　/26。

第三个网段的地址范围：　　　　192.168.1.128～192.168.1.191　　/26。

第四个网段的地址范围：　　　　192.168.1.192～192.168.1.255　　/26。

第四步：因为每个网段第一个地址主机位全 0 表示网段，每个网段最后一个地址主机位全 1 表示该网段的广播地址，所以不能使用，需要去除，其可用的地址范围结果如下所示。

第一个网段的地址范围：　　　　192.168.1.1～192.168.1.62　　　　/26。

第二个网段的地址范围：　　　　192.168.1.65～192.168.1.126　　　/26。

第三个网段的地址范围：　　　　192.168.1.129～192.168.1.190　　/26。

第四个网段的地址范围：　　　　192.168.1.193～192.168.1.254　　/26。

注意：当客户需求的每个网段的主机台数不一样时，在进行子网划分时需要以**先分大的、再分小的**为原则，以保证最大限度节约 IP 地址，本书的项目就是这种情况。

任务实施

子网划分步骤以市场部为例，其余部门的子网划分与此方法一样。

第一步：判断 IP 地址类型及默认子网掩码。

本项目使用 192.168.1.0 这个网段，该网段是一个 C 类的 IP 网段，默认子网掩码为 255.255.255.0（或/24）。

第二步：根据题目已知条件求新的子网掩码中 0 的个数。

已知条件：市场部有 10 个信息点，求 $2^N \approx 10$，其中 N 为新的子网掩码中 0 的个数。

因为当 $N=4$ 时，$2^4=16 \approx 10$，所以新的子网掩码中 0 的个数为 4。

第三步：求新的子网掩码。

子网掩码是由连续的 1 和连续的 0 组成的 32 位的二进制数，因此子网掩码中 1 的个数

=32-4=28。

新的子网掩码为 255.255.255.240 　或者　/28。

第四步：根据新的子网掩码划分出新的网段。

因为新的子网掩码中 0 的个数为 4，所以每个网段容纳的 IP 地址个数（包含全 0 和全 1）有 2^4=16 个。

于是将 192.168.1.0 用新的子网掩码 255.255.255.240 划分得出每个网段的 IP 地址范围，如表 2-2-4 所示。

表 2-2-4 子网划分结果

第 1 个网段	192.168.1.0～192.168.1.15/28
第 2 个网段	192.168.1.16～192.168.1.31/28
第 3 个网段	192.168.1.32～192.168.1.47/28
第 4 个网段	192.168.1.48～192.168.1.63/28
第 5 个网段	192.168.1.64～192.168.1.79/28
第 6 个网段	192.168.1.80～192.168.1.95/28
第 7 个网段	192.168.1.96～192.168.1.111/28
第 8 个网段	192.168.1.112～192.168.1.127/28
第 9 个网段	192.168.1.128～192.168.1.143/28
第 10 个网段	192.168.1.144～192.168.1.159/28
第 11 个网段	192.168.1.160～192.168.1.175/28
第 12 个网段	192.168.1.176～192.168.1.191/28
第 13 个网段	192.168.1.192～192.168.1.207/28
第 14 个网段	192.168.1.208～192.168.1.223/28
第 15 个网段	192.168.1.224～192.168.1.239/28
第 16 个网段	192.168.1.240～192.168.1.255/28

这里选取第 1 个网段分配给市场部使用，其余部门可参考该方法计算得到。

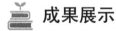 **成果展示**

柳州市益智软件科技有限公司的 IP 地址划分如表 2-2-5 所示。

表 2-2-5 IP 地址分配结果

部门名称	信息点数量	可用的IP地址范围		子网掩码	子网网段	子网网关 （第一个可用地址）
市场部	10	192.168.1.2	192.168.1.14	/28	192.168.1.0	192.168.1.1
售后维护部	8	192.168.1.18	192.168.1.30	/28	192.168.1.16	192.168.1.17
财务部	5	192.168.1.34	192.168.1.38	/29	192.168.1.32	192.168.1.33
仓管后勤部	4	192.168.1.42	192.168.1.46	/29	192.168.1.40	192.168.1.41
经理室	4	192.168.1.50	192.168.1.54	/29	192.168.1.48	192.168.1.49
会议室	4	192.168.1.58	192.168.1.62	/29	192.168.1.56	192.168.1.57
总经理室	3	192.168.1.66	192.168.1.70	/29	192.168.1.64	192.168.1.65
商务接待区	2	192.168.1.74	192.168.1.78	/29	192.168.1.72	192.168.1.73
制表	张三		审核	李四	日期	2017年4月6日

拓展练习

（1）现在有一组 IP 段为 192.168.0.0/28 的网络，请问这个网络的网络地址、子网掩码、广播地址分别是多少？可用 IP 地址的数量和范围分别是多少？

（2）某网络 192.168.0.X 要划分成 4 个子网，求子网掩码，各自网络地址，有效主机 IP 范围。

任务七　设备选型

任务目标

根据项目需求选择合适的设备及耗材，编制预算表。

知识准备

1. 交换机

交换机（Switch）是一种用于电（光）信号转发的网络设备，它可以为接入交换机的任意两个网络节点提供独享的电信号通路。二层交换机工作于 OSI 模型的第二层（数据链路层）；三层交换机则是具有路由功能的交换机，三层交换技术就是二层交换技术+三层转发技术，可以工作于 OSI 模型的第三层（网络层），最常见的是以太网交换机，如图 2-2-23 所示。

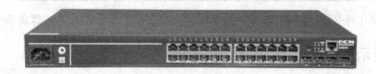

图 2-2-23　神州数码 S4600-28P-SI 交换机

2. 不间断电源

不间断电源是将蓄电池（多为铅酸免维护蓄电池）与主机相连接，通过主机逆变器等模块电路将直流电转换成市电的系统设备。它能够在停电后继续向设备供电，如图 2-2-24 所示。

3. 服务器

服务器是提供计算机服务的设备。由于服务器需要响应服务请求，并进行处理，因此一般来说服务器应具备承担服务并且保障服务的能力。在网络环境下，根据服务器提供的服务类型不同，分为文件服务器、数据库服务器、应用程序

图 2-2-24　山特 C6KS 不间断电源

服务器、Web 服务器等；按外形可分为机架式服务器、塔式服务器和机柜式服务器，如图 2-2-25 所示。

图 2-2-25　机架式服务器（上）、塔式服务器（下）

任务实施

上网查找所需网络设备，将型号与价格填入预算统计表，如表 2-2-6 所示。

表 2-2-6　预算统计表

名　称	型　号	数　量	单　价	小　计
二层交换机				
三层交换机				
不间断电源				
服务器				
合计				

单元三

办公网络项目实施

办公网络项目实施内容选取"售后维护部""仓管后勤部""中心设备间"三个区域的网络布线，在实训木墙上模拟。施工的正视图、侧视图如图 2-3-1 所示。

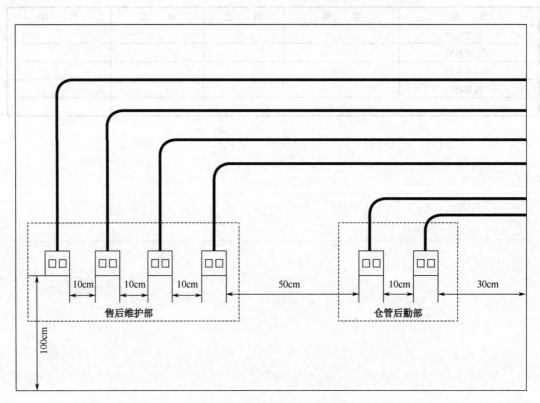

图 2-3-1　施工正视图、侧视图

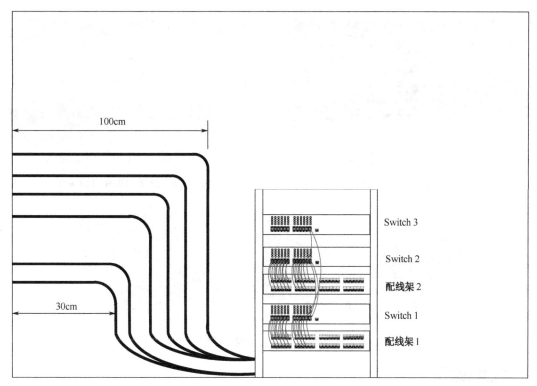

图 2-3-1　施工正视图、侧视图（续）

任务一　搭建工作区、配线（水平）子系统

任务目标

搭建"售后维护部""仓管后勤部"工作区子系统。

任务实施

实施步骤省略，此处重点讲解线管施工步骤。

第一步：裁剪线管。

量好所需线管长度，用线管钳（或者锯子）按标记裁剪线管，如图 2-3-2 所示。

第二步：连接线管。

裁剪好的线管可用弯头或直通头连接，如图 2-3-3 所示。

第三步：安装线管。

在墙面上安装线管卡，从起始部位起，每隔 60cm 安装一个，接头处应在其前后均安装一个管卡固定，如图 2-3-4 所示。

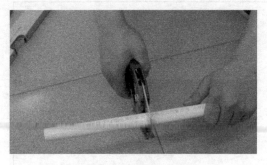

图 2-3-2　裁剪线管图

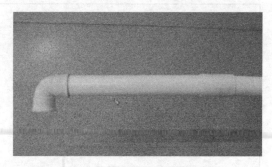

图 2-3-3　连接弯头和直通头图

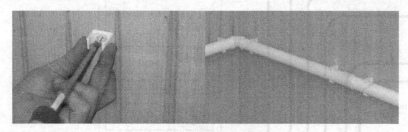

图 2-3-4　安装管卡固定线管

成果展示

工作区、配线（水平）子系统最终效果如图 2-3-5 所示。

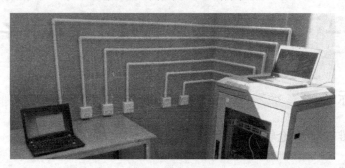

图 2-3-5　工作区、配线（水平）子系统

拓展练习

如下图所示，在实训木墙上完成 PVC 线管墙面的安装。

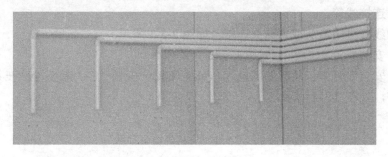

 **搭建设备间子系统**

任务目标

了解设备间子系统的组成，完成设备间子系统的安装。

知识准备

1. 设备间子系统

设备间子系统主要是由设备间中的电缆、连接器和有关的支撑硬件组成的，作用是将计算机、PBX、摄像头、监视器等弱电设备互连起来并连接到主配线架上。设备间子系统是在每一幢大楼的适当地点设置进线设备、进行网络管理以及管理人员值班的场所，如图 2-3-6 所示。

2. RJ-45 配线架

RJ-45 配线架的作用是在管理子系统中将双绞线进行交叉连接，用在主配线间和各分配线间，如图 2-3-7 所示。

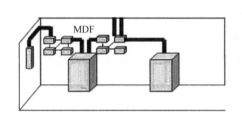

图 2-3-6　设备间子系统

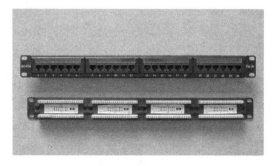

图 2-3-7　RJ-45 配线架

3. 机柜

机柜是存放设备和线缆交接的地方。机柜以 U 为单元区分（1U=44.45mm）。网络机柜可分为以下两种。

（1）常用服务器机柜：内部安装设备的空间高度一般为187cm(42U)，上部安装有 2 个散热风扇，下部安装有 4 个转动轮和 4 个固定地脚螺栓，一般安装在网络中心机房或楼层的设备间，如图 2-3-8 所示。

（2）壁挂式网络机柜。外观轻巧美观，全柜采用全焊接式设计，牢固可靠。机柜背面有 4 个挂墙的安装孔，可将机柜挂在墙上节省空间，如图 2-3-9 所示，左边为 6U 机柜、右边为 9U 机柜。

图 2-3-8　服务器机柜

图 2-3-9 壁挂式机柜

 任务实施

第一步：RJ-45 配线架端接。

将放入机柜的双绞线拉出，剥除外层绝缘皮约 5cm，用剪刀剪掉抗拉线，如图 2-3-10 所示。

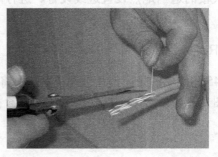

图 2-3-10 剥线

分开网线中的 4 对线对（注意线对之间不要拆开），遵照 RJ-45 配线架上所示线序（EIA/TIA 568A 和 EIA/TIA 568B），选择一种线序标准（这里选择 EIA/TIA 568B 线序），稍稍用力将导线逐个置入相应的线槽内，如图 2-3-11 所示。

图 2-3-11 排线

将打线工具的刀口对准 RJ-45 配线架上的线槽和导线，垂直向下用力，当听到"喀"的一声时，配线架外多余的线会被剪断。重复这一操作，可将 8 条芯线逐个打入相应色彩的线槽中，如图 2-3-12 所示。

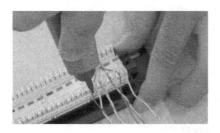

图 2-3-12　端接

将端接好的双绞线整理好，用扎带将双绞线固定于配线架上，如图 2-3-13 所示。

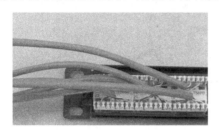
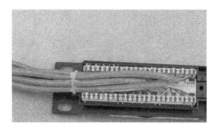

图 2-3-13　理线

将固定螺母安装到机柜中，注意应从机柜中的提示标识处开始上螺母；将端接好的 RJ-45 配线架用螺钉固定在机柜指定位置上，贴上标签，如图 2-3-14 所示。

图 2-3-14　安装配线架

第二步：安装网络设备。

将挂耳的长边贴近网络设备，挂耳的安装孔与网络设备侧面的挂耳安装孔对齐，使用 M4 螺钉将挂耳安装到交换机的两边，顺时针拧紧，如图 2-3-15 所示。

根据规划好的网络设备在机柜上的安装位置，确定浮动螺母在方孔条上的安装位置。用一字螺钉旋具在机柜前方孔条上安装 4 个浮动螺母，左右各 2 个，高度为 1U。保证左右对应的浮动螺母在一条水平线上，浮动螺母的安装方法如图 2-3-16 所示。

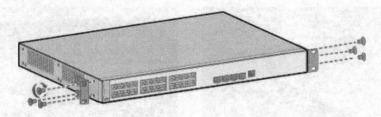

图 2-3-15　安装网络设备挂耳

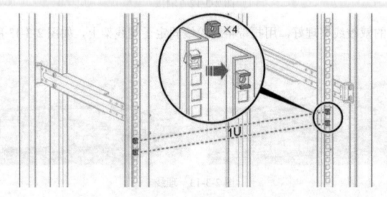

图 2-3-16　安装浮动螺母

　　注意：机柜方孔条上并不是所有的三个孔之间的距离都是 1U，要参照机柜上的刻度，需注意识别。

　　单手托住设备使网络设备两边的挂耳安装孔与机柜方孔条上的浮动螺母对齐，另一只手使用十字螺钉旋具和 M6 螺钉将挂耳固定到机柜方孔条上，如图 2-3-17 所示。

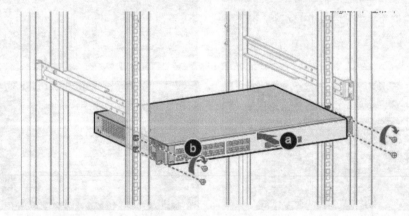

图 2-3-17　固定交换机

　　第三步：连接网络跳线。

　　根据需要在配线架的端口与网络设备、网络设备之间使用网络跳线连接，注意端口要相对应。

 成果展示

　　设备间子系统的最终效果如图 2-3-18 所示。

图 2-3-18　设备间子系统

 拓展练习

（1）完成 3 条永久链路端接训练。

（2）在网上收集设备间子系统图片，思考如何将设备间子系统中的设备及线缆布置得整齐美观。

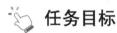 任务三　安装 Windows Server 2008 操作系统

任务目标

使用虚拟机安装 Windows Server 2008 操作系统，要求硬盘大小为 80GB，分为两个盘，C 盘 40GB，D 盘 40GB；内存大小为 1024MB。

知识准备

Windows Server 2008 发行了多种版本，以支持各种规模的企业对服务器不断变化的需求。Windows Server 2008 有 5 种不同版本，还有三种不支持 Windows Server Hyper-V 技术的版本，因此总共有 8 种版本。

任务实施

使用 VMware Workstation 来安装 Windows Server 2008 R2 操作系统，这里采用的是 64 位的操作系统。

第一步：创建虚拟机。

创建虚拟机，要求硬盘 80GB，内存 1GB，桥接网卡，如图 2-3-19 所示。

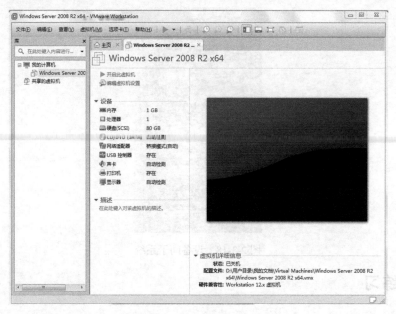

图 2-3-19　创建虚拟机

第二步：安装 Windows 2008 R2 操作系统。

该步骤与安装 Windows 7 操作系统类似，这里选择"Windows Server 2008 R2 Standard"版本进行安装。安装结束之后，系统会重新启动，进入 Windows Server 2008 R2 操作界面，首次登录时会提示密码过期，需要更改密码，如图 2-3-20 所示。输入密码之后，进入 Windows Server 2008 R2 桌面。

图 2-3-20　用户首次登录之前必须修改密码

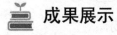 **成果展示**

Windows 2008 R2 操作系统安装完成后如图 2-3-21 所示。

图 2-3-21　安装完成 Windows Server 2008 R2 操作系统

使用光盘在物理机上安装 Windows Server 2008 R2 操作系统，安装步骤与方法可以参考网上相应的资料。

任务四　Windows 域环境搭建

任务目标

（1）搭建域控制器，域名为 yzx.com。

（2）将另一台 Windows 操作系统的虚拟机加入到 yzx.com 域中。

知识准备

1．活动目录和域

活动目录（Active Directory）存储了有关网络对象（例如，用户、用户组、计算机、域、组织单位以及安全策略等）的信息，并且让管理员和用户能够轻松地查找和使用这些信息。

域（Domain）是 Windows 网络中独立运行的单位，域之间相互访问需要建立信任关系。当一个域与其他域建立了信任关系后，2 个域之间不但可以按需要相互进行管理，还可以跨网分配文件和打印机等设备资源，使不同的域之间实现网络资源的共享与管理。

2. 域树

域树由多个域组成，这些域共享同一表结构和配置，形成一个连续的名称空间，如图 2-3-22 所示。

3. 域林

域林由 个或多个没有形成连续名称空间的域树组成，如图 2-3-23 所示。它与域树最明显的区别就在于域林之间没有形成连续的名称空间，而域树则是由一些具有连续名称空间的域组成的。

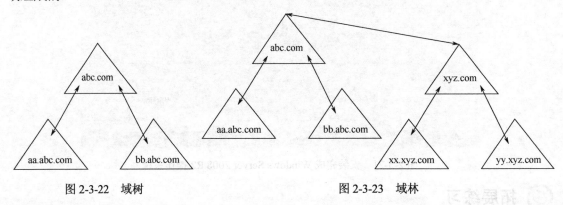

图 2-3-22　域树　　　　　　　　　　　　图 2-3-23　域林

任务实施

第一步：添加 "Active Directory 域服务"。

选择 "开始" → "管理工具" → "服务器管理器" 选项，在打开的窗口中选择 "角色" 选项，在右边的操作窗口中选择 "添加角色" 选项，弹出 "添加角色向导" 对话框，如图 2-3-24 所示。

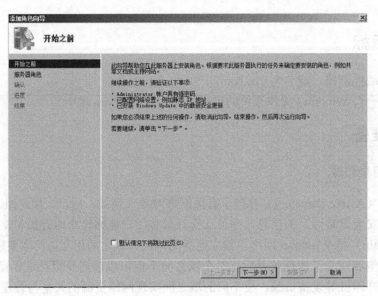

图 2-3-24　添加角色向导

单击"下一步"按钮，进入"选择服务器角色"界面，单击"添加必需的功能"按钮。此时会弹出"添加必需的功能"对话框，如图 2-3-25 所示。

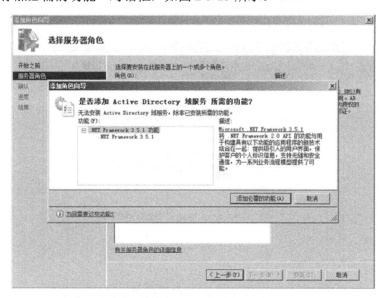

图 2-3-25　添加必需的功能

　　单击"添加必需的功能"按钮后，连续单击"下一步"按钮，在确认安装界面中单击"安装"按钮，然后开始安装域，如图 2-3-26 所示。待安装结束之后，单击"关闭"按钮，完成安装。

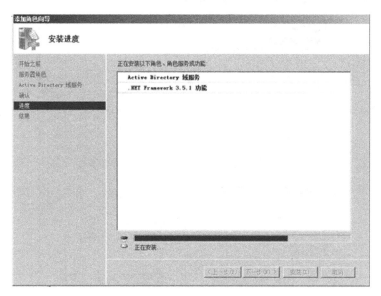

图 2-3-26　安装 Active Directory 域服务

　　第二步：运行"Active Directory 域服务"安装向导。

　　打开"服务器管理器"窗口，选择"角色"里面的"Active Directory 域服务"选项，然后单击"运行 Active Directory 域服务安装向导"按钮，打开"Active Directory 域服务安装向导"对话框，如图 2-3-27 所示。

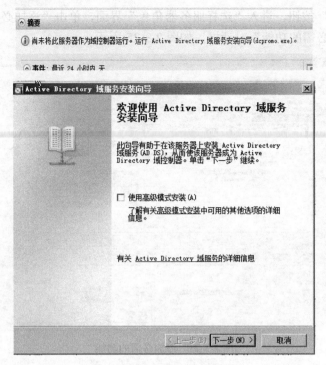

图 2-3-27 域服务配置向导

在弹出的对话框中，连续单击"下一步"按钮，进入"选择某一部署配置"界面，选中"在新林中新建域"单选按钮，如图 2-3-28 所示。

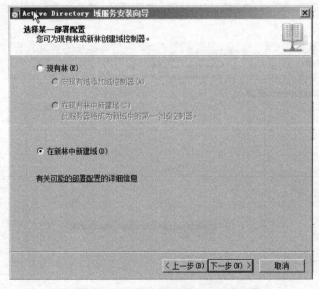

图 2-3-28 在新林中新建域

单击"下一步"按钮，在"命名林根域"对话框中输入域名"yzx.com"，如图 2-3-29 所示。

单击"下一步"按钮，设置"域功能级别"为"Windows Server 2003"，如图 2-3-30 所示。

单击"下一步"按钮，进入"其他域控制器选项"界面，如图 2-3-31 所示。

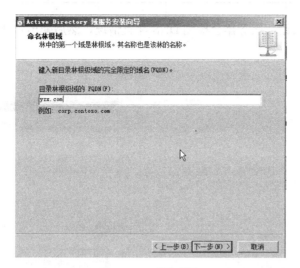

图 2-3-29 输入域名

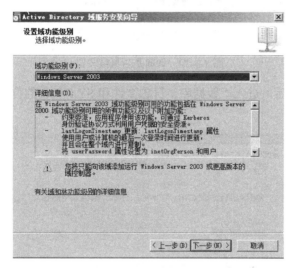

图 2-3-30 设置域功能级别

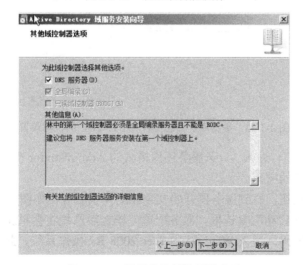

图 2-3-31 设置其他域控制器选项

单击"下一步"按钮，服务器会检测 DNS 配置情况，然后弹出对话框询问是否继续，如图 2-3-32 所示。

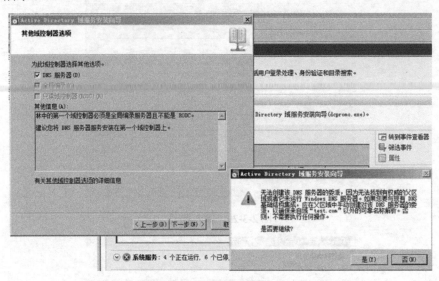

图 2-3-32　询问是否继续安装

单击"是"按钮之后，进入"数据库、日志文件和 SYSVOL 的位置"界面进行设置，如图 2-3-33 所示。

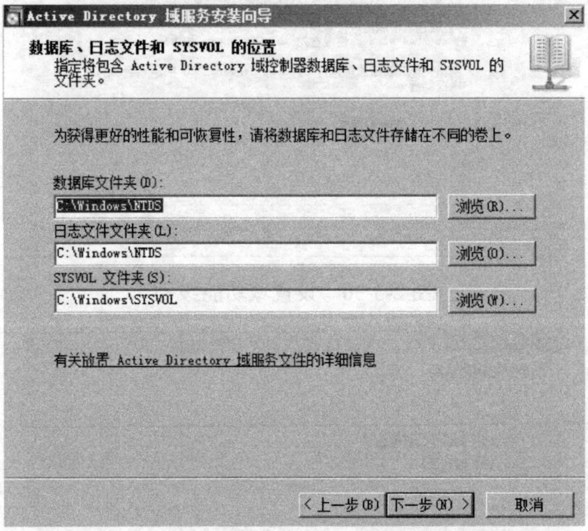

图 2-3-33　数据库、日志文件和 SYSVOL 的位置设置

单击"下一步"按钮，进入"目录服务还原模式的 Administrator 密码"界面，如图 2-3-34 所示，然后设置好相应的密码。

单击"下一步"按钮，直到服务器开始安装和配置域服务，如图 2-3-35 所示。

勾选"完成后重新启动"复选框，服务配置完毕之后系统将会重新启动。计算机重新启动之后，输入管理员密码，进入 Windows Server 2008 R2 操作系统，此时域服务安装与配置完成。

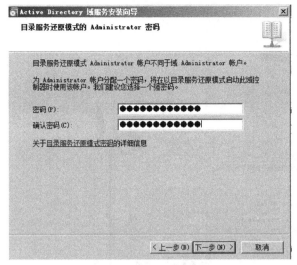

图 2-3-34 设置目录还原模式的 Administrator 密码　　　图 2-3-35 域服务正在配置

第三步：将计算机加入域。

设置需要加入域的 Windows 7 计算机的 DNS，指向 Windows Server 2008 R2 虚拟机。打开 Windows 7 操作系统的计算机属性对话框，单击"计算机名"中的"更改"按钮，如图 2-3-36 所示。

在弹出的"计算机名/域更改"对话框中选中"域"单选按钮，并输入域名"yzx.com"，如图 2-3-37 所示，然后单击"确定"按钮。

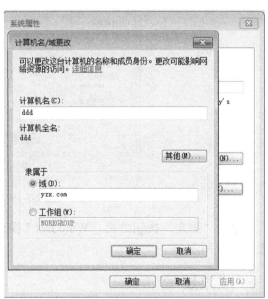

图 2-3-36 打开计算机的属性　　　图 2-3-37 输入域名并加入域

此时，Windows 7 操作系统会弹出对话框要求输入用户名和密码，如图 2-3-38 所示。

最后，Windows 7 操作系统会收到"欢迎加入 yzx.com 域"的提示，表示成功添加，如图 2-3-39 所示。

图 2-3-38　输入用户名与密码

图 2-3-39　成功加入域

单击"确定"按钮之后，Windows 7 操作系统要求重新启动计算机，加入域生效，如图 2-3-40 所示。

成果展示

（1）当域服务安装完成之后，可以打开"服务管理器"，单击"角色"左侧的加号按钮，可以看到域服务已经安装和配置完成，如图 2-3-41 所示。

图 2-3-40　要求重新启动计算机

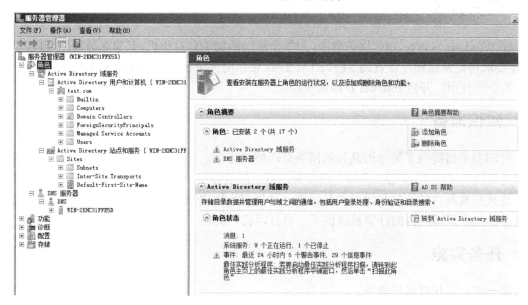

图 2-3-41　域服务安装完毕

（2）成功加入域的计算机可以在计算机的属性中看到，如图 2-3-42 所示。

拓展练习

　　为两台计算机安装 Windows Server 2008 R2 操作系统，其中一台为主域，将另外一台加入主域并成为辅助域。

系统	
分级:	系统分级不可用
处理器:	Intel(R) Xeon(R) CPU X5650 @ 2.67GHz 2.66 GHz
安装内存(RAM):	2.00 GB
系统类型:	64 位操作系统
笔和触摸:	没有可用于此显示器的笔或触控输入

计算机名称、域和工作组设置		
计算机名:	ddd	�" 更改设置
计算机全名:	ddd.yzx.com	
计算机描述:		
域:	yzx.com	

图 2-3-42　加入域的 Windows 7 操作系统

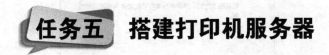

任务五　搭建打印机服务器

任务目标

在 Windows Server 2008 服务器中,为每个部门添加 1 台打印机,共享名分别为 ST1、ST2、ST3,要求将优先级顺序设置为 ST2、ST3、ST1。使用时间分配如下:ST2、ST3 为 9:00~17:00,ST1 为全天使用。开启 Internet 打印管理功能。

知识准备

打印服务器提供了简单而高效的网络打印解决方案。其一端连接打印机,另一端连接网络(交换机),打印服务器在网络中的任何位置,都能够很容易地为局域网内所有用户提供打印。连接局域网内的计算机没有数量限制,可以极大地提高打印机的利用率。打印服务器为每一个连接在局域网内的计算机提供了一台打印机,实现了打印机共享功能。

任务实施

第一步:添加打印机服务。

在安装好打印机的服务器上,打开"服务器管理器"窗口,单击"添加角色"按钮。根据向导,选择打印服务,如图 2-3-43 所示。单击"下一步"按钮,直到完成添加。

第二步:添加并共享打印机。

在"服务器管理器"窗口中打开文件和打印管理服务,展开"打印服务器"→"打印机"节点,然后右击"打印机"节点,选择"添加打印机"选项,如图 2-3-44 所示。

根据自己的需求,选择相应的连接打印机的方法,这里选择打印机的安装方式如图 2-3-45 所示。

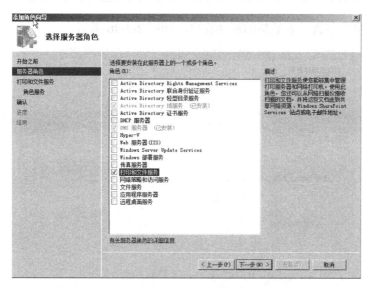

图 2-3-43　添加打印和文件服务角色

图 2-3-44　添加打印机

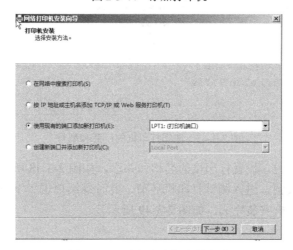

图 2-3-45　选择打印机安装方法

单击"下一步"按钮，安装新的驱动程序，如图 2-3-46 所示。

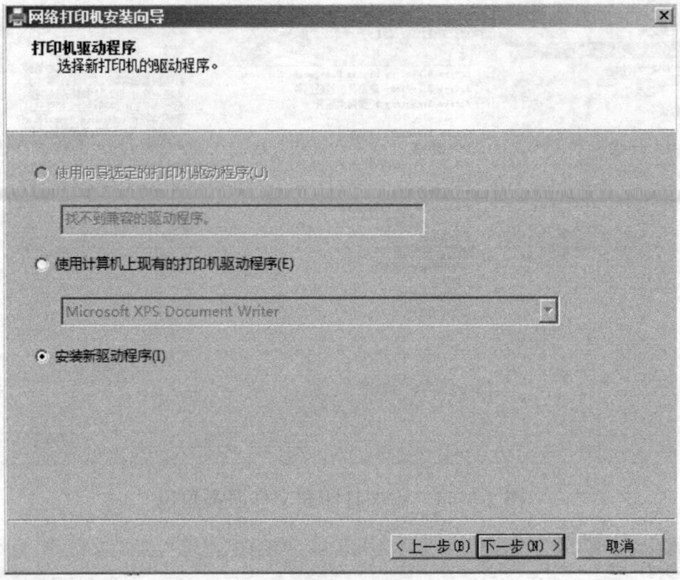

图 2-3-46　添加新的打印机驱动程序

单击"下一步"按钮，进入"打印机安装"界面，在这里需要根据服务器所连接的打印机来选择安装打印机的厂商和型号，如图 2-3-47 所示。

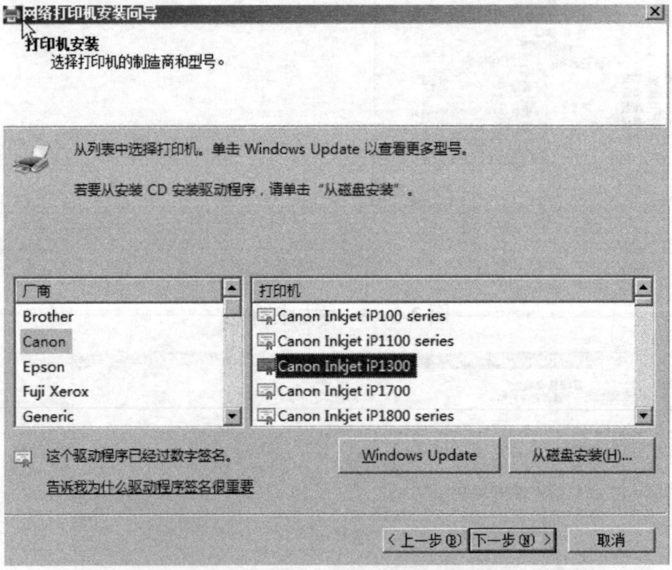

图 2-3-47　选择打印机的厂商和型号

单击"下一步"按钮，设置打印机的名称和共享，如图 2-3-48 所示。

单击"下一步"按钮，进入测试打印机环节，此时继续单击"下一步"按钮，进入打印机安装环节，直到打印机安装完成，如图 2-3-49 所示。

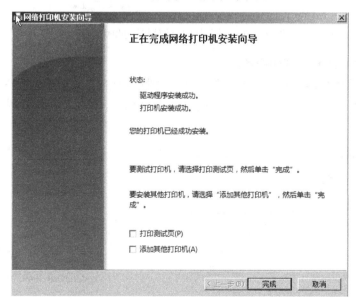

图 2-3-48　打印机名称和共享设置

图 2-3-49　完成打印机的安装

用同样的方式添加 2 台打印机，共享名为 ST2、ST3。

第三步：设置打印机优先级顺序和使用时间。

打开 ST1 打印机属性对话框，选择"高级"选项卡，选中"始终可以使用"单选按钮，设置"优先级"为"1"（**注意**：打印机优先级 1 为最低级别，99 为最高级别），如图 2-3-50 所示。

按照 ST1 的设置方法，设置 ST2、ST3 使用时间为 9:00～17:00，ST2 优先级为 3，ST3 优先级为 2。

图 2-3-50　设置打印机使用时间和优先级

第四步：添加 Internet 打印服务。

打开"服务器管理器"窗口，单击打印和文件服务中的"添加角色服务"按钮，在弹出的"选择角色服务"对话框中勾选"Internet 打印"复选框后，单击"下一步"按钮，如图 2-3-51 所示。

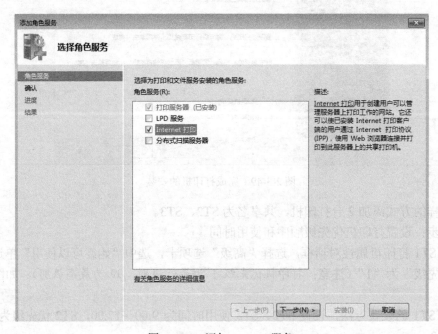

图 2-3-51　添加 Internet 服务

添加完成后，核对安装信息，单击"关闭"按钮，如图 2-3-52 所示。

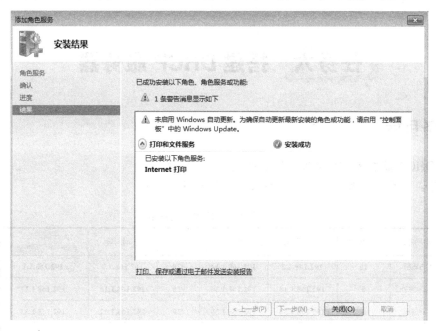

图 2-3-52　完成添加角色服务

成果展示

设置完成 Internet 打印后，可以通过 IE 浏览器管理打印机，如图 2-3-53 所示。

图 2-3-53　Internet 管理打印机

拓展练习

在安装好的打印机服务器中，添加用户 User001，设置打印机权限为打印和管理文档。

任务六 搭建 DHCP 服务器

任务目标

搭建 DHCP 服务器，IP 地址对应表如表 2-3-1 所示。

小提示：需要创建多个作用域，排除地址需要排除网关。

表 2-3-1 IP 地址对应表

部门名称	信息点数量	可用的IP地址范围		子网掩码	子网网段	子网网关 （第一个可用地址）
市场部	10	192.168.1.2	192.168.1.14	/28	192.168.1.0	192.168.1.1
售后维护部	8	192.168.1.18	192.168.1.30	/28	192.168.1.16	192.168.1.17
财务部	5	192.168.1.34	192.168.1.38	/29	192.168.1.32	192.168.1.33
仓管后勤部	4	192.168.1.42	192.168.1.46	/29	192.168.1.40	192.168.1.41
经理室	4	192.168.1.50	192.168.1.54	/29	192.168.1.48	192.168.1.49
会议室	4	192.168.1.58	192.168.1.62	/29	192.168.1.56	192.168.1.57
总经理室	3	192.168.1.66	192.168.1.70	/29	192.168.1.64	192.168.1.65
商务接待区	2	192.168.1.74	192.168.1.78	/29	192.168.1.72	192.168.1.73

知识准备

DHCP（Dynamic Host Configuration Protocol，动态主机配置协议）通常被应用在大型的局域网环境中，主要作用是集中地管理、分配 IP 地址，使网络环境中的主机动态地获得 IP 地址、Gateway 地址、DNS 服务器地址等信息，并能够提升地址的使用率。

DHCP 采用客户端/服务器模型，主机地址的动态分配任务由网络主机驱动。当 DHCP 服务器接收到来自网络主机申请地址的信息时，才会向网络主机发送相关的地址配置等信息，以实现网络主机地址信息的动态配置。

DHCP 具有以下功能。

（1）保证任何 IP 地址在同一时刻只能由一台 DHCP 客户机所使用。

（2）DHCP 应当可以给用户分配永久固定的 IP 地址。

（3）DHCP 应当可以同用其他方法获得 IP 地址的主机共存（如手工配置 IP 地址的主机）。

（4）DHCP 服务器应当向现有的 BOOTP 客户端提供服务。

DHCP 有以下三种机制分配 IP 地址。

（1）自动分配方式（Automatic Allocation）：DHCP 服务器为主机指定一个永久性的 IP 地址，一旦 DHCP 客户端第一次成功从 DHCP 服务器端租用到 IP 地址，就可以永久性地使用该地址。

（2）动态分配方式（Dynamic Allocation）。DHCP 服务器给主机指定一个具有时间限制的

IP 地址，时间到期或主机明确表示放弃该地址时，该地址可以被其他主机使用。

（3）手工分配方式（Manual Allocation）：客户端的 IP 地址是由网络管理员指定的，DHCP 服务器只是将指定的 IP 地址告诉客户端主机。

在三种地址分配方式中，只有动态分配可以重复使用客户端不再需要的地址。

任务实施

第一步：添加 DHCP 服务器。

打开"服务器管理器"窗口，选择"角色"选项，在右边的操作窗口中选择"添加角色"选项，在弹出的对话框中，勾选"服务器角色"选项卡中的"DHPC 服务器"复选框，如图 2-3-54 所示。

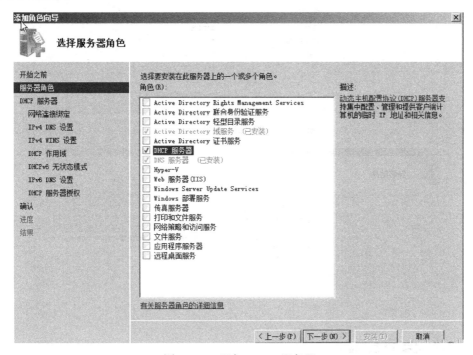

图 2-3-54　添加 DHCP 服务器

单击"下一步"按钮，确认网络连接绑定，要求此时的 DHCP 服务器必须是固定的 IP 地址。如果没有设置 IP 地址，请设置好 IP 地址之后，再继续安装，如图 2-3-55 所示。

单击"下一步"按钮直到完成安装，此过程中不需要设置 DHCP 服务器（之后会进行设置），如图 2-3-56 所示。

第二步：创建作用域。

选择"开始"→"管理工具"选项，打开 DHCP 服务器，选中"IPv4"节点并右击，在弹出的快捷菜单中选择"新建作用域"选项，如图 2-3-57 所示。

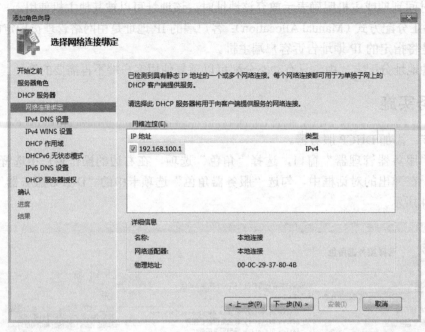

图 2-3-55　选择服务器 IP 地址

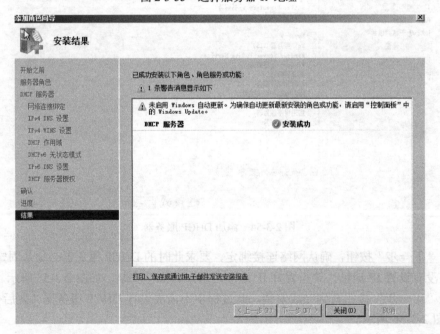

图 2-3-56　完成 DHCP 服务器的安装

　　在弹出的"新建作用域向导"对话框中，单击"下一步"按钮，输入"作用域的名称"为"售后维护部"，如图 2-3-58 所示。

　　单击"下一步"按钮，设置"售后维护部"需要分配的地址范围和子网掩码，如图 2-3-59所示。

DHCP
www.yzx.com
IPv4
IPv6
显示统计信息(S)...
新建作用域(P)...
新建多播作用域(M)...
定义用户类(N)...
定义供应商类(C)...
协调所有作用域(A)...
设置预定义的选项(E)...
查看(V)
刷新(F)
属性(R)
帮助(H)
添加一个作用域
给请求动态 IP 地址的计算机的 IP 地址范围。您必须
后才能分配动态 IP 地址。
用域，请在"操作"菜单下单击"新建作用域"。
服务器的详细情况，请参阅联机帮助。

图 2-3-57　新建作用域

新建作用域向导
作用域名称
您必须提供一个用于识别的作用域名称。您还可以提供一个描述(可选)。
为此作用域输入名称和描述。此信息帮助您快速标识此作用域在网络上的作用。
名称(A):
售后维护部
描述(D):
< 上一步(B)
下一步(N) >
取消

图 2-3-58　设置作用域的名称

新建作用域向导
IP 地址范围
您通过确定一组连续的 IP 地址来定义作用域地址范围。
DHCP 服务器的配置设置
输入此作用域分配的地址范围。
起始 IP 地址(S):
192 . 168 . 1 . 1
结束 IP 地址(E):
192 . 168 . 1 . 30
传播到 DHCP 客户端的配置设置
长度(L):
27
子网掩码(U):
255 . 255 . 255 . 224
< 上一步(B)
下一步(N) >
取消

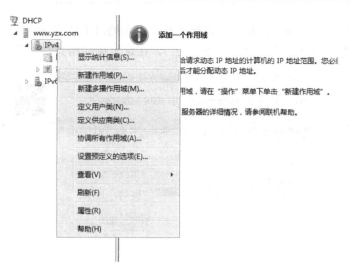

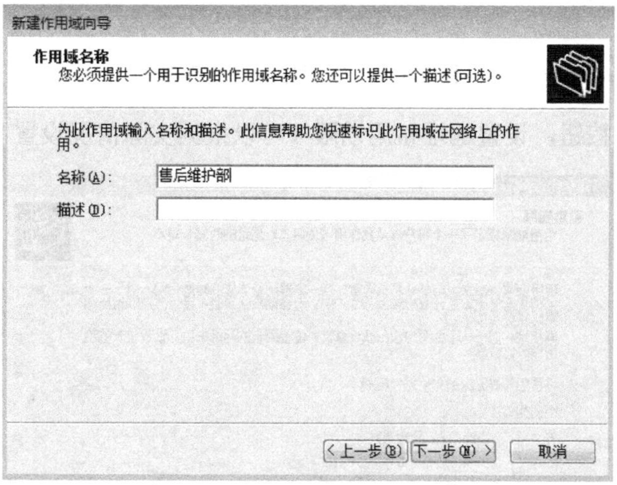

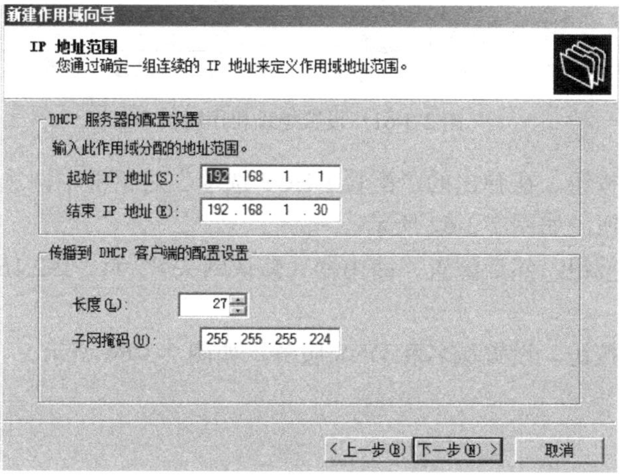

图 2-3-59　设置分配的地址范围和子网掩码

设置要排除的地址范围（所谓排除地址就是不需要通过 DHCP 服务器分配出去的地址，一般网关或者服务器的 IP 地址不需要分配出去），在这里排除网关，如图 2-3-60 所示。

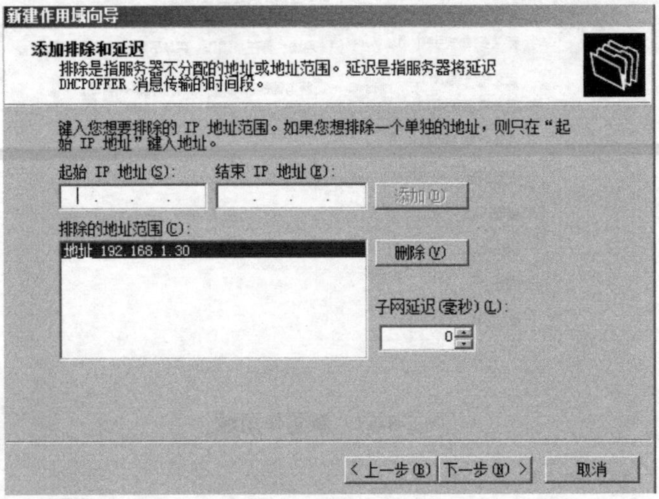

图 2-3-60　设置排除地址范围

单击"下一步"按钮，设置地址租用期限（可以根据实际情况设置），如图 2-3-61 所示。

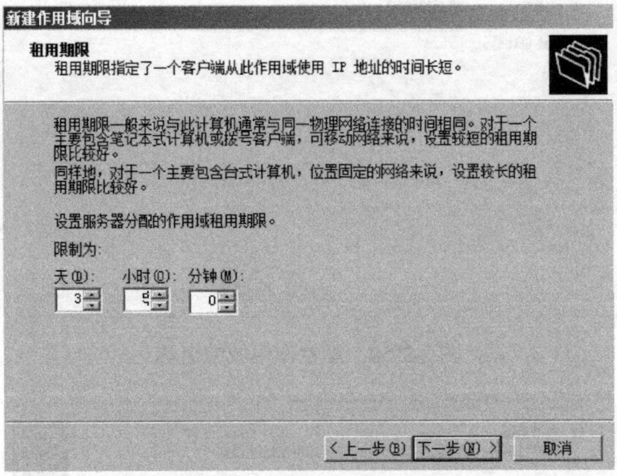

图 2-3-61　设置地址租用时间

单击"下一步"按钮，在弹出的"配置 DHCP 选项"对话框中，选中"是，我想现在配置这些选项"单选按钮，如图 2-3-62 所示。

单击"下一步"按钮，然后配置"路由器（默认网关）"为"192.168.1.30"，如图 2-3-63所示。

单击"下一步"按钮，设置域名和 DNS 服务，如图 2-3-64 所示。

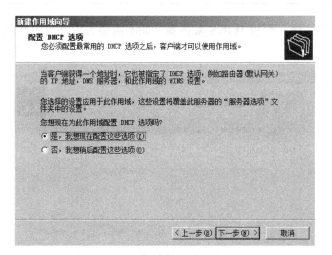

图 2-3-62　配置 DHCP 选项

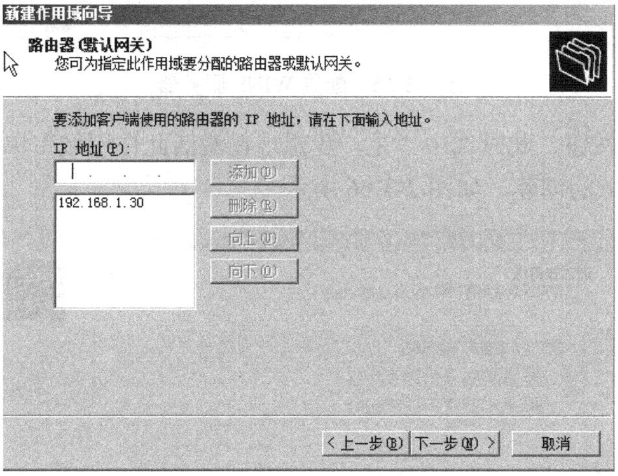

图 2-3-63　设置路由器（默认网关）

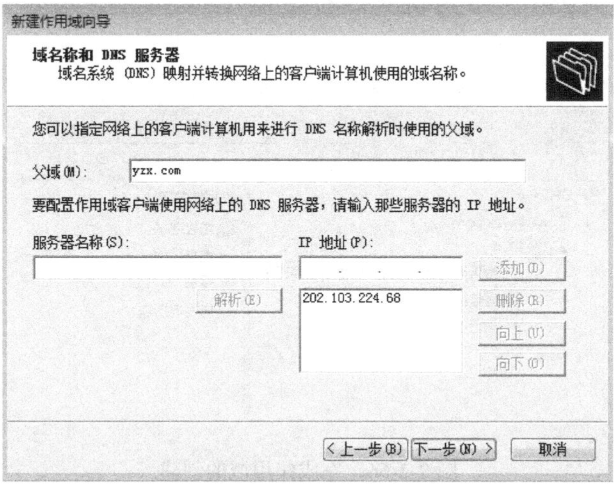

图 2-3-64　设置域名和 DNS 服务

单击"下一步"按钮，配置 WINS 服务器（如不需要设置，可以直接进行下一步操作），如图 2-3-65 所示。

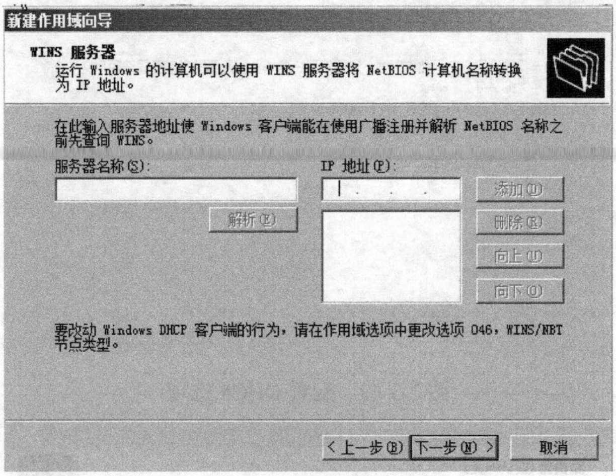

图 2-3-65　配置 WINS 服务器

单击"下一步"按钮，此时选中"是，我想现在激活此作用域"单选按钮，完成"售后维护部" DHCP 作用域的创建，如图 2-3-66 所示。

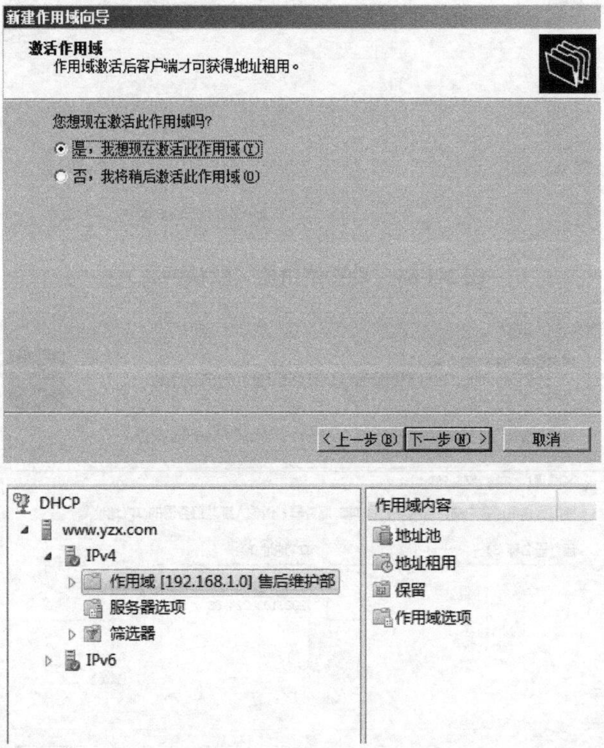

图 2-3-66　完成作用域的创建

第三步：获取 DHCP 服务地址。

打开需要获取地址的计算机，将其 IP 地址设置为动态获取，如图 2-3-67 所示。

单击"确定"按钮之后等待片刻，在网卡连接状态的详细信息中，就可以看到自动获取到的 IP 地址，如图 2-3-68 所示。

图 2-3-67 设置自动获取 IP 地址

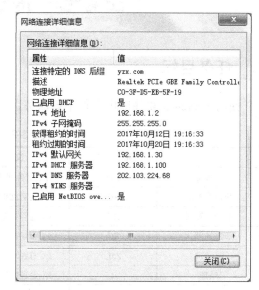

图 2-3-68 PC 自动获取到的 IP 地址

创建其他部门 DHCP 作用域的方法与此类似，这里不再重复说明。

成果展示

完成所有部门 DHCP 作用域的创建结果如图 2-3-69 所示。

图 2-3-69 完成 DHCP 创建

拓展练习

按照任务要求，完成所有部门的 DHCP 服务器的配置，再配置超级作用域。

任务七 搭建 FTP 服务器

任务目标

使用 Server-U 软件提供文件下载服务,按照表 2-3-2 所示搭建 FTP 服务器。

表 2-3-2　FTP 服务器要求

部　门	账　户	文 件 目 录	用　户
财务部	CW	H:\ 财务部数据	上传、下载文件文件夹
售后维护部	SH	J:\ 售后维护部数据	上传、下载文件文件夹
仓管后勤部	HQ	J:\ 仓管后勤部数据	上传、下载文件文件夹
市场部	SC	J:\ 市场部数据	上传、下载文件文件夹
总经理	ZJL	J:\ 总经理数据	上传、下载文件文件夹
经理	JL	J:\ 经理数据	上传、下载文件文件夹
公共资源共享	匿名用户	J:\ 公共资源文件夹	上传、下载文件文件夹

知识准备

1. FTP

FTP(File Transfer Protocol,文件传输协议)用于控制文件在网络上的上传和下载。FTP 使用的 TCP 端口是 20 和 21。

2. 匿名 FTP

用户可通过匿名 FTP 连接到远程主机上,并从其下载文件,而无须成为其注册用户。系统管理员建立了一个特殊的用户 ID,名为 anonymous, Internet 上的任何人在任何地方都可使用该用户 ID。

任务实施

第一步:打开 FTP 软件。

本项目使用第三方 FTP 软件——Serv-U,打开该软件,界面如图 2-3-70 所示。

第二步:创建域。

右击"域"节点,在弹出的快捷菜单中选择"新建域"选项,根据自己计算机的情况输入 IP 地址,如图 2-3-71 所示。

图 2-3-70　Serv-U 操作界面

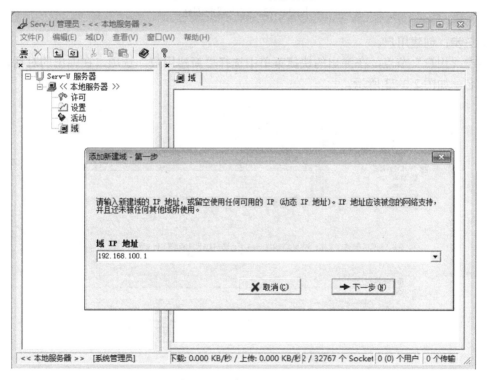

图 2-3-71　输入域的 IP 地址

　　单击"下一步"按钮，输入域名"yzx.com"，单击"下一步"按钮直到完成，FTP 默认使用端口号为 21，如果需要更改，访问时在 IP 地址后需要添加该端口号，如图 2-3-72 所示。

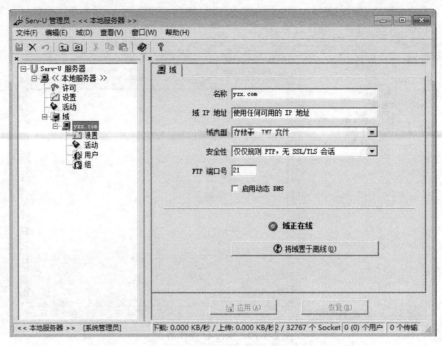

图 2-3-72　完成域的创建

第三步：创建用户。

右击"用户"节点，在弹出的快捷菜单中选择"新建用户"选项，在弹出的对话框中输入用户名，如图 2-3-73 所示。

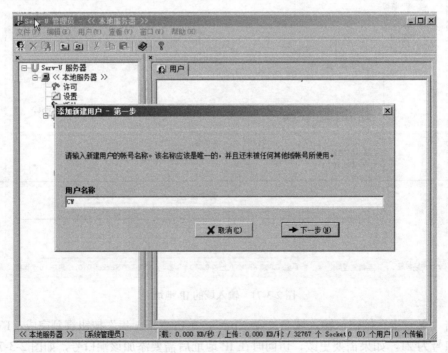

图 2-3-73　设置 FTP 用户名

单击"下一步"按钮，根据需求设置密码，主目录选择自己需要共享的目录（H:\财务部数据），要求锁定主目录，如图 2-3-74 所示。

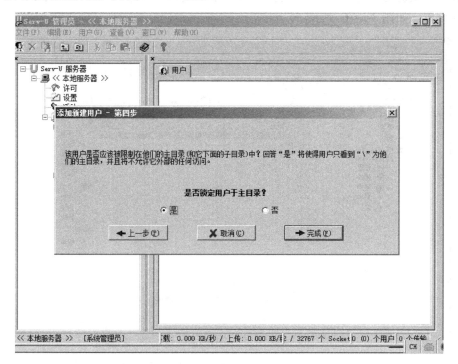

图 2-3-74 锁定主目录

单击"完成"按钮，完成用户的创建，如图 2-3-75 所示。

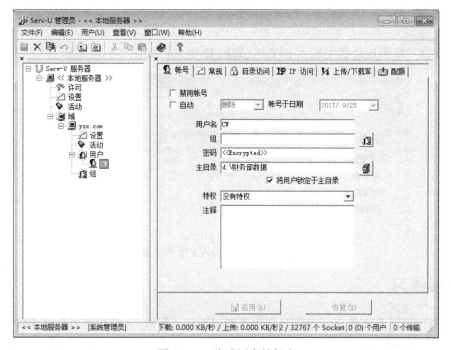

图 2-3-75 完成用户的创建

第四步：设置用户访问权限。

选择"目录访问"选项卡，将勾选"读取"和"写入"复选框（即可以上传、下载），完成权限的设置，如图 2-3-76 所示。

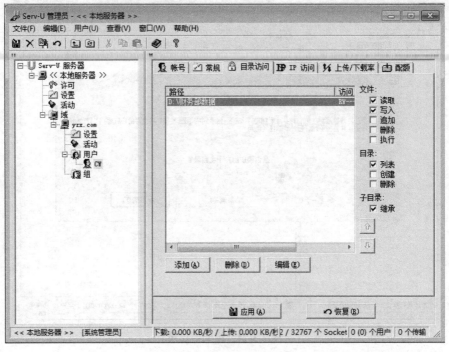

图 2-3-76　设置用户访问权限

成果展示

可以在客户端的地址栏中输入 FTP://计算机 IP 地址，如图 2-3-77 所示。

图 2-3-77　客户端访问 FTP 服务器

拓展练习

在 E 盘创建两个文件夹，名称分别为"考试"和"回收"，要求通过搭建 FTP 服务器实现：所有学生能够通过匿名方式登录服务器下载考试题目；考试结束后，学生能够通过账号 test、密码 123，将考试结果上传到"回收"文件夹中。

任务八 交换机的基本配置

任务目标

如图 2-3-78 所示，完成所有网络设备名称的修改，保存配置命令。

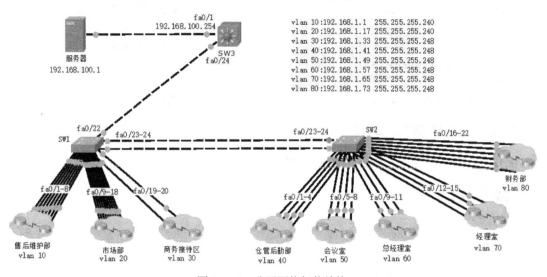

图 2-3-78　公司网络拓扑结构

知识准备

（1）三种配置模式的切换，命令如下。

Switch> **enable**	//一般用户模式
Switch # **configure terminal**	//特权模式
Switch (config)#	//全局配置模式
Switch (config)# **interface** 端口名称（如 fa、port-channel、vlan） 端口号	
Switch (config-if)#	//接口配置模式

（2）网络设备命名，命令如下。

Switch (config)# **hostname** XXX	// 其中 XXX 表示设备名称

（3）查看网络设备的配置文件，命令如下。

Switch# show running-config

（4）保存配置文件，命令如下。

Switch# **write**

（5）重启网络设备，命令如下。

Switch# **reload**

如果命令记不清怎么办？

小技巧 1：在英文输入法下输入"？"，查看可输入的命令。

小技巧 2：输入命令部分开头英文，按"Tab"键，补全命令。

小技巧 3：输入缩写，按回车键，很多网络设备支持缩写。

任务实施

1. 配置交换机 SW1

配置方法如下。

```
Switch> enable                          //进入特权模式
Switch# configure terminal              //进入全局配置模式
Switch(config)# hostname SW1            //修改设备名称为 SW1
SW1(config)# exit                       //退出全局配置模式
SW1# write                              //保存配置文件
Building configuration...
[OK]
SW1# show running-config                //查看配置文件
```

2. 配置交换机 SW2、SW3

配置方法略，请参考"配置交换机 SW1"。

成果展示

（1）SW1 配置结果如下。

```
SW1#show running-config
Building configuration

Current Configuration:968 bytes
!
version 12.1
no service timestamps log datetime msec
no service timestamps debug datetime msec
no service password-encryption
!
Hostname SW1
!
!
```

（2）SW2 配置结果如下。

```
SW1#show running-config
Building configuration…

Current Configuration:968 bytes
!
version 12.1
no service timestamps log datetime msec
no service timestamps debug datetime msec
no service password-encryption
```

```
!
Hostname SW2
!
!
```

（3）SW3 配置结果如下。

```
SW3#show running-config
Building configuration

Current Configuration:1079 bytes
!
version 12.2
no service timestamps log datetime msec
no service timestamps debug datetime msec
no service password-encryption
!
Hostname SW3
!
!
```

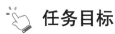 拓展练习

（1）交换机有哪三种配置模式？

（2）将交换机的名称修改为 YZX，保存配置，并使用 show running-config 命令查看配置结果。

任务九 配置 VLAN

任务目标

如图 2-3-78 所示，在 SW1 和 SW2 上配置 VLAN，VLAN 对应表如表 2-3-3 所示。

表 2-3-3 VLAN 对应表

部 门	端 口	连 接 设 备	VLAN
售后维护部	fa0/1～fa0/8	SW1	VLAN 10
市场部	fa0/8～fa0/18		VLAN 20
商务接待区	fa0/19～fa0/20		VLAN 30
仓管后勤部	fa0/1～fa0/4		VLAN 40
会议室	fa0/5～fa0/8		VLAN 50
总经理室	fa0/9～fa0/11	SW2	VLAN 60
经理室	fa0/12～fa0/15		VLAN 70
财务部	fa0/16～fa0/22		VLAN 80

说明：其中 fa0/X（X 为端口编号）为 fastEthernet 0/X（快速以太网接口）的缩写，为方便表示后面的描述，这里全部以 fa0/X 表示。

知识准备

1．VLAN

VLAN（Virtual Local Area Network，虚拟局域网）是一组逻辑上的设备和用户，这些设备和用户并不受物理位置的限制，可以根据功能、部门及应用等因素将它们组织起来形成逻辑网络。

2．VLAN 的特点

（1）隔离广播：在交换网络中，通过隔离广播域，可以大大减少网络中泛洪的广播包，从而提高网络中的带宽利用率。

（2）安全性：通过在二层网络中划分 VLAN，可以实现二层网络中不同 VLAN 间的数据隔离。

（3）故障隔离：通过 VLAN 的划分，由于将设备划分到不同的广播域当中，因此可以减小网络故障的影响。

3．VLAN 的配置

第一步：创建 VLAN，命令如下。

```
Switch (config)# vlan X                          //其中 X 表示 VLAN 编号
Switch (config-vlan)# exit
```

第二步：将端口添加到对应的 VLAN，命令如下。

```
Switch (config)# interface fa0/X                 //进入 fa0/X 端口，其中 X 表示端口编号
Switch (config-if)# switchport mode access       //将端口转换为 access 模式
Switch (config-if)# switchport access vlan X     //将该端口添加到 VLAN X 中
```

4．查看 VLAN 配置，命令如下。

```
Switch# show vlan                                //查看 VLAN 配置
```

任务实施

第一步：在 SW1 上创建 VLAN 10（售后维护部），命令如下。

```
SW1 (config)# vlan 10                            //创建 VLAN 10
SW1 (config-vlan)# exit
SW1(config)# interface range fa0/1-8             //同时进入 fa0/1～fa0/8 端口
SW1(config-if-range)# switchport mode access     //将端口转换为 access 模式
SW1(config-if-range)# switchport access vlan 10  //将该端口添加到 VLAN 10 中
SW1(config-if-range)# exit
```

第二步：根据 VLAN 分配表，配置其他部门的 VLAN。

成果展示

（1）SW1 配置结果如下。

```
SW1#show vlan

VLAN Name                             Status    Ports
---- -------------------------------- --------- -------------------------------
1    default                          active    Fa0/21
10   VLAN0010                         active    Fa0/1, Fa0/2, Fa0/3, Fa0/4
                                                Fa0/5, Fa0/6, Fa0/7, Fa0/8
20   VLAN0020                         active    Fa0/9, Fa0/10, Fa0/11, Fa0/12
                                                Fa0/13, Fa0/14, Fa0/15, Fa0/16
                                                Fa0/17, Fa0/18
30   VLAN0030                         active    Fa0/19, Fa0/20
```

（2）SW2 配置结果如下。

```
SW2#show vlan

VLAN Name                             Status    Ports
---- -------------------------------- --------- -------------------------------
1    default                          active    Fa0/23, Fa0/24
40   VLAN0040                         active    Fa0/1, Fa0/2, Fa0/3, Fa0/4
50   VLAN0050                         active    Fa0/5, Fa0/6, Fa0/7, Fa0/8
60   VLAN0060                         active    Fa0/9, Fa0/10, Fa0/11
70   VLAN0070                         active    Fa0/12, Fa0/13, Fa0/14, Fa0/15
80   VLAN0080                         active    Fa0/16, Fa0/17, Fa0/18, Fa0/19
                                                Fa0/20, Fa0/21, Fa0/22
```

拓展练习

根据如下拓扑结构图，完成 VLAN 的配置，并思考 PC1、PC2、PC3 中哪些能够相互 ping 通，哪些不可以，为什么？

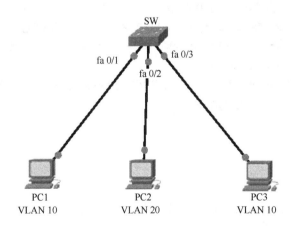

任务十 **配置 Trunk**

任务目标

如图 2-3-78 所示，在 SW1 的 fa0/22、fa0/23、fa0/24，SW2 的 fa0/23、fa0/24，SW3 的 fa0/24 上配置 Trunk。

知识准备

1. Trunk

Trunk（中继技术）封装协议为 802.1q，能够实现跨交换机相同 VLAN 的相互通信。

2. Trunk 的特点

（1）Trunk 上默认会转发交换机上存在的所有 VLAN 的数据。

（2）交换机在从 Trunk 口转发数据前会给数据打上 Tag 标签，在到达另一交换机后，再剥去此标签。

其命令如下：

```
Switch (config)# interface fa0/X  //进入 fa0/X, 其中 X 表示交换机之间级联的接口
Switch (config-if)# switchport mode trunk  //将端口转换为 Trunk 模式
```

任务实施

第一步：配置 SW1 的 fa0/22~fa0/24 接口为 Trunk 模式，命令如下：

```
SW1(config)# interface range fa0/22-24      //同时进入 fa0/22~fa0/24 端口
SW1(config-if-range)# switchport mode trunk  //将端口转换为 Trunk 模式
SW1(config-if-range)# exit
```

第二步：配置 SW2 的 fa0/23、fa0/24 及 SW3 的 fa0/24 接口为 Trunk 模式。

配置方法略，请参考第一步的配置。

成果展示

1. SW1 配置结果

使用 show running-config 命令查看配置结果。

```
interface FastEthernet0/20
!
interface FastEthernet0/21
!
interface FastEthernet0/22
 switchport mode trunk
!
interface FastEthernet0/23
```

```
 switchport mode trunk
!
interface FastEthernet0/24
 switchport mode trunk
!
```

2. SW2 配置结果

使用 show running-config 命令查看配置结果。

```
interface FastEthernet0/20
!
interface FastEthernet0/21
!
interface FastEthernet0/22
!
interface FastEthernet0/23
 switchport mode trunk
!
interface FastEthernet0/24
 switchport mode trunk
!
```

3. SW3 配置结果

使用 show running-config 命令查看配置结果。

```
interface FastEthernet0/20
!
interface FastEthernet0/21
!
interface FastEthernet0/22
!
interface FastEthernet0/23
!
interface FastEthernet0/24
 switchport mode trunk
!
```

拓展练习

（1）根据如下拓扑结构图，要使相同 VLAN 下的 PC 能够相互 ping 通，需要在哪台设备的哪个接口配置 Trunk？

（2）根据如下拓扑结构图，完成 Trunk 的配置。

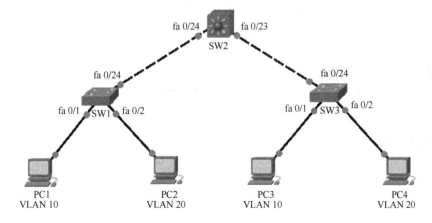

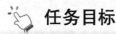 **配置生成树和快速生成树协议**

任务目标

如图 2-3-78 所示，在 SW1、SW2 和 SW3 上配置快速生成树协议。

知识准备

1. 生成树协议

STP（Spanning Tree Protocol，生成树协议）的根本目的是将一个存在物理环路的交换网络变成一个没有环路的逻辑树形网络。IEEE 802.1d 协议通过在交换机上运行一套复杂的算法——STA（Spanning-Tree Algorithm），使冗余端口置于"阻断状态"，使得接入网络的计算机在与其他计算机通信时，只有一条链路生效，而当这个链路出现故障无法使用时，IEEE 802.1d 协议会重新计算网络链路，将处于"阻断状态"的端口重新打开，从而既保障了网络正常运转，又保证了冗余能力。

配置生成树协议的命令如下。

```
Switch (config)# spanning-tree mode pvst        //将生成树协议设置为pvst
```

2. 快速生成树协议

RSTP（Rapid Spanning Tree Protocol，快速生成树协议是 STP 技术的改进，RSTP 网络的收敛时间更短，最快可以缩短在 1 秒内。

配置快速生成树协议的命令如下。

```
Switch (config)# spanning-tree mode rapid-pvst  //将生成树协议设置为
rapid-pvst
```

任务实施

第一步：在 SW1 上配置快速生成树协议，配置命令如下。

```
SW1(config)# spanning-tree mode rapid-pvst      //SW1 将生成树协议设置为
rapid-pvst
```

第二步：在 SW2 上配置快速生成树协议，配置命令如下。

```
SW2(config)# spanning-tree mode rapid-pvst      //SW2 将生成树协议设置为
rapid-pvst
```

成果展示

（1）SW1 配置结果如下。

```
SW1#show running-config
Building configuration...

Current configuration : 1514 bytes
!
version 12.1
no service timestamps log datetime msec
no service timestamps debug datetime msec
no service password-encryption
!
hostname SW1
!
!
spanning-tree mode rapid-pvst
```

（2）SW2 配置结果如下。

```
SW2#show running-config
Building configuration...

Current configuration : 1568 bytes
!
version 12.1
no service timestamps log datetime msec
no service timestamps debug datetime msec
no service password-encryption
!
hostname SW2
!
!
spanning-tree mode rapid-pvst
!
```

拓展练习

根据如下拓扑结构图，配置快速生成树协议，实现链路冗余。

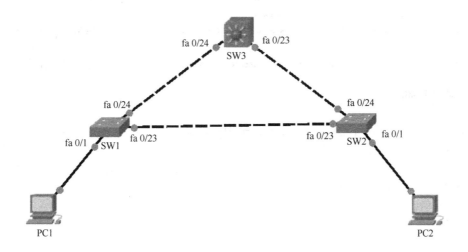

任务十二 配置链路聚合

任务目标

如图 2-3-78 所示，在 SW1 和 SW2 之间的 fa0/23、fa0/24 上配置链路聚合。

知识准备

1. 链路聚合

链路聚合是指将多个物理端口捆绑在一起，成为一个更高带宽的逻辑端口。

2. 链路聚合的特点

（1）其标准为 IEEE 802.3ad。
（2）可扩展链路带宽。
（3）实现成员端口上的流量平衡。
（4）自动链路冗余备份。

3. 配置链路聚合

配置链路聚合的命令如下。

```
Switch (config)# interface range fa0/a-b      //a-b 为聚合的端口范围
Switch (config-if -range)# channel-group X mode on  /*将 fa0/a-b 端口配置
为聚合组 X，模式设置为 on，其中 X 表示聚合组的编号，注意两台设备之间链路要在同一个聚合组中*/
Switch (config-if -range)# exit
Switch (config)# interface port-channel X      /*进入聚合组端口，其中 X 表示聚合
组的编号*/
Switch (config-if)# switchport mode trunk      /*把链路聚合组接口模式变为 trunk
```

任务实施

第一步：将 SW1 上的 fa0/23 和 24 接口配置为链路聚合，聚合组为 1 号。其命令如下。

```
SW1(config)# interface range fa0/23-24        //进入 SW1 的 fa0/23-24 端口
SW1(config-if-range)# channel-group 1 mode on   /*将 fa0/23-24 端口聚合为组
1，模式设置为 on*/
SW1(config-if-range)# exit
SW1(config)# interface port-channel 1         //进入聚合组 1 端口
SW1(config-if)# switchport mode trunk         //把链路聚合组接口模式变为 trunk
```

第二步：在 SW2 上配置链路聚合。其命令如下。

```
SW2(config)# interface range fa0/23-24
SW2(config-if-range)# channel-group 1 mode on
SW2(config-if-range)# exit
SW2(config)# interface port-channel 1
SW2(config-if)# switchport mode trunk
```

成果展示

1. SW1 配置结果

使用 show running-config 命令查看配置结果。

```
interface FastEthernet0/21
!
interface FastEthernet0/22
!
interface FastEthernet0/23
 channel-group 1 mode on
!
interface FastEthernet0/24
 channel-group 1 mode on
!
interface Port-channel 1
 switchport mode trunk
!
```

2. SW2 配置结果

使用 show running-config 命令查看配置结果。

```
interface FastEthernet0/21
!
interface FastEthernet0/22
!
interface FastEthernet0/23
 channel-group 1 mode on
!
interface FastEthernet0/24
 channel-group 1 mode on
!
interface Port-channel 1
 switchport mode trunk
!
```

拓展练习

根据如下拓扑结构图，配置链路聚合提升带宽，聚合模式为 on。

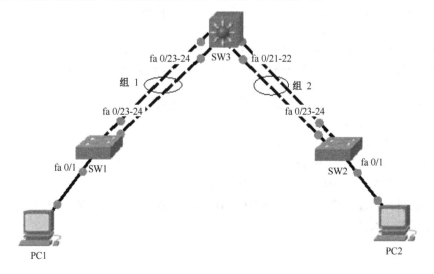

任务十三 SVI 实现 VLAN 间路由

任务目标

如图 2-3-78 所示，在 SW3 上配置 SVI 实现各部门 VLAN 间路由。

知识准备

1. SVI

SVI（Switch Virtual Interface）是三层交换机 VLAN 的虚拟接口，可以设置 IP 地址，作为 VLAN 内主机的网关使用。

2. 配置 SVI

配置 SVI 命令如下。

```
Switch (config)# vlan X                      //创建 VLAN X，其中 X 表示端口编号
Switch (config-vlan)# exit
Switch (config)# interface vlan X            //进入 VLAN X 接口，其中 X 表示端口编号
Switch (config-if)# ip address IP 地址 子网掩码
                                             /*配置 VLAN 接口的 IP 地址和子网掩码*/
Switch (config-if)# no shutdown              //激活端口
Switch (config-if)# exit
Switch (config)# ip routing                  //开启三层交换机的路由功能
```

任务实施

第一步：在 SW3 上创建 VLAN 并配置 VLAN 10 的 IP 地址。其命令如下。

```
SW3(config)# vlan 10                         //创建 VLAN 10
SW3(config-vlan)# exit
SW3(config)# interface vlan 10               //进入 VLAN 10 接口
SW3(config-if)# ip address 192.168.1.1 255.255.255.224  /*配置 VLAN 10 接
口 IP 地址*/
SW3(config-if)# no shutdown                  //激活端口
SW3(config-if)# exit
```

第二步：在 SW3 上开启三层交换机路由功能。其命令如下。

```
SW3 (config)# ip routing                     //开启三层交换机的路由功能
```

第三步：配置 VLAN 20 到 VLAN 80 的 IP 地址。

配置方法略，请参考第一步 VLAN 10 的 IP 地址配置，其中在 SW3 上开启三层交换机路由功能只需配置一次即可。

成果展示

使用 Show running-config 命令查看配置结果。

```
SW3#show running-config
Building configuration...

Current configuration : 1571 bytes
!
version 12.2
no service timestamps log datetime msec
no service timestamps debug datetime msec
no service password-encryption
!
hostname SW3
!
interface Vlan10
 ip address 192.168.1.1 255.255.255.240
!
interface Vlan20
 ip address 192.168.1.17 255.255.255.240
!
interface Vlan30
 ip address 192.168.1.33 255.255.255.248
!
interface Vlan40
 ip address 192.168.1.41 255.255.255.248
!
interface Vlan50
 ip address 192.168.1.49 255.255.255.248
!
interface Vlan60
 ip address 192.168.1.57 255.255.255.248
!
interface Vlan70
 ip address 192.168.1.66 255.255.255.248
!
interface Vlan80
 ip address 192.168.1.73 255.255.255.248
!
```

拓展练习

根据如下拓扑结构图，配置 SVI，实现 VLAN 10 的 PC1 与 VLAN 20 的 PC2 的相互访问。

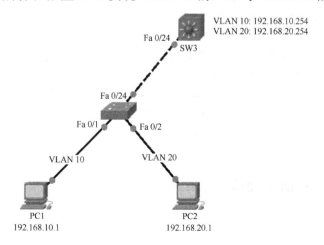

VLAN 10: 192.168.10.254
VLAN 20: 192.168.20.254

Fa 0/24
SW3

Fa 0/24

Fa 0/1   Fa 0/2

VLAN 10   VLAN 20

PC1   PC2
192.168.10.1   192.168.20.1

任务十四 配置 DHCP 中继

任务目标

如图 2-3-78 所示，在 SW3 上配置 DHCP 中继，使各个部门能够自动获取 IP 地址、网关和 DNS 地址。

知识准备

1. DHCP 中继

DHCP 中继（DHCP Relay）可以实现在不同子网和物理网段之间处理和转发 DHCP 信息的功能。

若 DHCP 服务器与客户端在同一个网段，则客户端可以直接获得 IP 地址；若彼此不在同一个网段，则需要 DHCP 中继才行。

2. 配置 DHCP 中继

配置 DHCP 中继命令如下。

```
Switch (config)# service dhcp                    //开启 DHCP 服务
Switch (config)# ip forward-protocol udp 67      //转发 DHCP 包，67 是 DHCP 报文包
Switch (config)# interface vlan X                //进入需要中继的 VLAN
Switch (config-if)# ip helper-address DHCP服务器的IP地址  //指向 DHCP 服务器
```

任务实施

为 VLAN 10 配置 DHCP 中继。

第一步： 在 SW3 上开启 DHCP 服务。其命令如下。

```
SW3(config)# service dhcp                         /开启 DHCP 服务
```

第二步： 转发 DHCP 数据包。其命令如下。

```
SW3 (config)# ip forward-protocol udp 67          //转发 DHCP 包
```

第三步： 在 VLAN 10 中指向 DHCP 服务器。其命令如下。

```
SW3 (config)# interface vlan 10                   //进入 VLAN10
SW3 (config-if)# ip helper-address 192.168.100.1  //指向 DHCP 服务器
```

其他 VLAN 的 DHCP 中继配置方法略，具体配置步骤请参考 VLAN 10 的配置。

成果展示

配置 DHCP 中继和 DHCP 服务器结果如下。

```
interface Vlan10
 ip address 192.168.1.30 255.255.255.224
 ip helper-address 192.168.100.1
!
interface Vlan20
 ip address 192.168.1.62 255.255.255.224
 ip helper-address 192.168.100.1
!
interface Vlan30
 ip address 192.168.1.94 255.255.255.224
 ip helper-address 192.168.100.1
!
interface Vlan40
 ip address 192.168.1.126 255.255.255.224
 ip helper-address 192.168.100.1
!
interface Vlan50
 ip address 192.168.1.158 255.255.255.224
 ip helper-address 192.168.100.1
!
interface Vlan60
 ip address 192.168.1.190 255.255.255.224
 ip helper-address 192.168.100.1
!
interface Vlan70
 ip address 192.168.1.222 255.255.255.224
 ip helper-address 192.168.100.1
!
interface Vlan80
 ip address 192.168.1.254 255.255.255.224
 ip helper-address 192.168.100.1
!
```

拓展练习

根据如下拓扑结构图，配置 DHCP 服务器和中继，使 PC0 能够获取 IP 地址和网关。

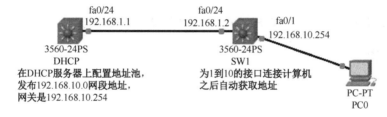

单元四

办公网络测试

任务一 Fluck 双绞线测试

任务目标

使用 Fluck 双绞线测试仪测试办公网络工作区到设备间链路的状况。

知识准备

1．串扰

空间距离近的信号线之间会出现不希望的电感性和电容性耦合从而互相干扰。串扰会干扰邻近线对的正常传输，导致误码率上升甚至完全不能联网。串扰强弱和双绞线的绞接率相关，绞接率越大，抵消干扰能力越强，串扰越小。平行线的串扰最大，所以在水晶头、模块中，串扰值会偏大。一般串扰分为近端串扰和远端串扰两种。

1）近端串扰

近端串扰（NEXT）是指在双绞线内部，串扰出现在靠近信号的发送端。近端串扰与双绞线类别、连接方式、频率值、施工工艺有关。在接点图正常的情况下，NEXT 值越大，串扰越小，链路越好，但如果出现负数，则说明双绞线质量和施工工艺存在问题。

2）远端串扰

远端串扰（FEXT）是指在双绞线内部，串扰出现在远离信号的发送端。

2．衰减

衰减是信号沿基本链路或者通道传输能量的损耗程度。它取决于双绞线电阻、分布电容、分布电感的参数和信号频率。线缆长度越长、频率越大，衰减越大。衰减单位用 dB 表示。

3．衰减与近端串扰比

衰减与近端串扰比（ACR）是双绞线电缆的近端串扰值与衰减的差值，它表示信号强度与串扰产生的噪声强度的相对大小，其值越大越好。

4．回波损耗

回波损耗又称反射损耗，是电缆链路由于阻抗不匹配所产生的反射，是一对线自身的反射。回波损耗会引起信号的波动，返回的信号将被双工的千兆网误认为是收到的信号而产生了混乱。回波损耗是传输线端口的反射波功率与入射波功率之比，以对数形式来表示，单位是 dB，一般是负值。

5．Fluck DTX-1800

Fluck DTX-1800 测试仪如图 2-4-1 所示。

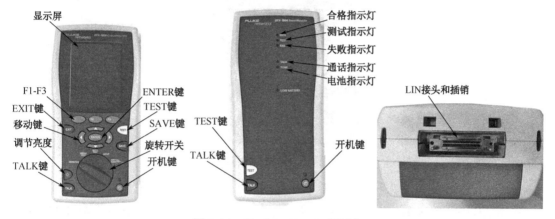

图 2-4-1　Fluck DTX-1800 测试仪

任务实施

第一步：插入测试模块。

在设备上插入测试模块，如图 2-4-2 所示。

图 2-4-2　插入测试模块

第二步：选择测试标准。

打开设备，将旋钮调到"SETUP"处，选择双绞线，在"测试极限值"中选择"更多测试极限值"选项，选择"China"中的"GB 50312-2007 Cat 5e Ch"标准，如图 2-4-3 所示。

图 2-4-3　选择测试标准

第三步：完成测试。

将测试仪一头连接 TO 信息点，另一头连接交换机配线架。将旋钮调到"AUTO TEST"处，按"TEST"测试按钮，完成测试，导出结果。

📚 成果展示

测试结果如图 2-4-4 所示。

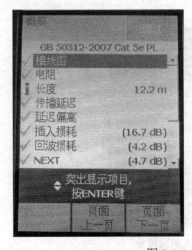
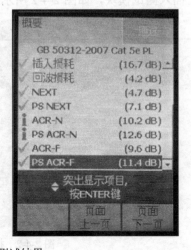

图 2-4-4　测试结果

拓展练习

（1）简述：串扰、衰减、回波损耗的概念。
（2）使用测试仪测试 6 类链路情况，并将结果保存。

任务目标

根据"售后维护部"和"仓管后勤部"两个区域，在实训木墙上模拟综合布线任务，编写这两个区域的测试报告。

任务实施

按照表 2-4-1 所示的格式填写测试报告。

表 2-4-1 链路状况测试报告

链路状况测试报告				
项 目 名 称			测 试 人 员	
测试结果	检查内容	合格	不合格	备注
反馈意见				
				年 月 日

单元五

办公网络管理与维护

任务一　域用户管理

任务目标

（1）为每个部门创建用户、用户组、组织单位，以下用户密码均为 123456，要求用户第一次登录时必须修改密码。相关设置如表 2-5-1 所示。

表 2-5-1　各部门相关设置

部　　门	OU 组织单位	全　局　组	用　　户
财务部	财务部	caiwu	a1
售后维护部	售后维护部	shouhou	b1
仓管后勤部	仓管后勤部	houqin	c1
市场部	市场部	shichang	d1

（2）为总经理和经理单独创建 2 个账户，账户名分别为 topmanager、manager，为 2 个账户赋予管理员权限，2 个账户的密码均为 123456，要求用户第一次登录时必须修改密码。

（3）以上用户登录次数设置为 3 次，输错 3 次密码锁定 10 分钟。

知识准备

组织单位

OU（Organizational Unit，组织单位）是可以将用户、组、计算机和其他组织单位放入其中的活动目录容器，是可以指派组策略设置或委派管理权限的最小作用域或单元。

任务实施

第一步：编辑策略。

打开 Windows Server 2008 R2，选择"开始"→"管理工具"→"组策略管理"选项，打开"组策略管理"窗口，选择"组策略对象"→"Default Domain Policy"节点并右击，选择"编辑"选项，如图 2-5-1 所示。

图 2-5-1　组策略管理

第二步：设置账户密码策略。

打开"组策略管理编辑器"窗口，打开"计算机配置"→"策略"→"Windows 设置"→"安全设置"→"账户策略"→"密码策略"节点，如图 2-5-2 所示。

图 2-5-2　密码策略

选择"密码必须符合复杂性要求",在弹出的对话框中将"密码必须符合复杂性要求"选项禁用,按要求设置密码策略,如图 2-5-3 所示。

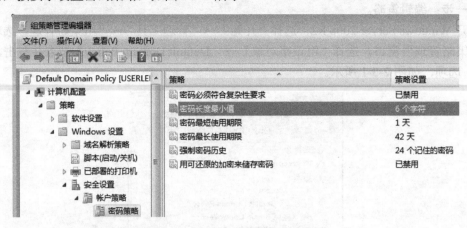

图 2-5-3　完成账户密码策略的设置

第三步:设置账户锁定策略。

选择"账户锁定阈值"选项,然后设置"账户锁定阈值"为 3 次无效登录,设置"账户锁定时间"为 10 分钟,如图 2-5-4 所示。

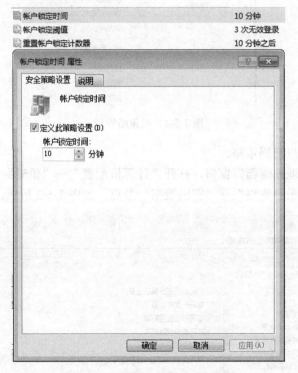

图 2-5-4　完成账户锁定策略的设置

第四步:创建组织单位

打开 Windows Server 2008 R2,选择"开始"→"管理工具"→"Active Directory 用户和计算机"选项,如图 2-5-5 所示。

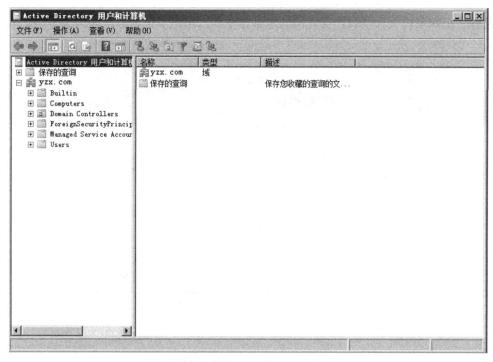

图 2-5-5　Active　Directory 用户和计算机

右击"yzx.com"节点，在弹出的快捷菜单中选择"新建"→"组织单位"选项，如图 2-5-6
所示。

图 2-5-6　新建组织单位

选择"组织单位"选项后，在弹出的对话框中输入组织单位名称，如图 2-5-7 所示。

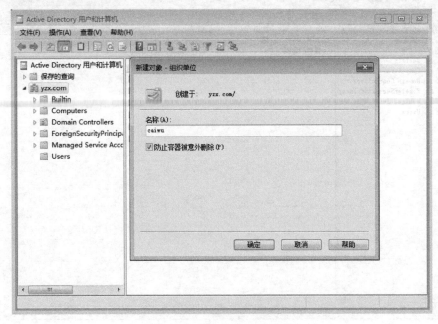

图 2-5-7　输入组织单位名称

第五步：创建用户和用户组。

 成果展示

创建用户、用户组和组织单位，结果如图 2-5-8 所示。

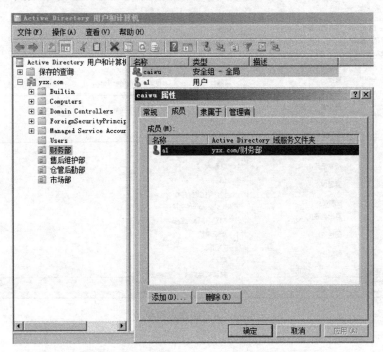

图 2-5-8　创建的用户、用户组和组织单位

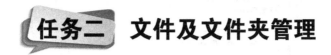

拓展练习

（1）用户组和组织单位的区别是什么？

（2）创建好组织单位后出现无法删除的原因是什么？如何解决？

任务二 文件及文件夹管理

任务目标

（1）建立如下所示的目录结构。

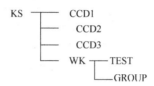

（2）建立用户和用户组。

建立 CCD1、CCD2 和 CCD3 三个用户账户及 CCD 用户组，这个组包括 CCD1、CCD2 和 CCD3 共 3 个用户，赋予 CCD1 管理员权限。

（3）按表 2-5-2 对相关文件夹和文件进行安全属性设置。

表 2-5-2　相关属性要求

目录/文件 账户	文件夹 KS	文件夹 WK	文件夹 CCDi	TEST 文件夹下 所有文件	GROUP 文件夹下 所有文件
管理员 Administrator	完全控制	完全控制	完全控制	完全控制	完全控制
考试组 CCD	执行、读取			读取、写入	读取
用户 CCDi			完全控制		

任务实施

第一步：创建目录。

建立如图 2-5-9 所示的目录结构。

第二步：创建用户。

按任务要求建立用户和用户组。

第三步：设置文件、文件夹权限。

图 2-5-9　创建目录

选择 KS 文件夹，右击，在弹出的快捷菜单中选择"属性"→"安全"→"编辑"选项，然后在弹出的对话框中添加之前创建的 CCD 组，对 CCD 组的权限进行设置，如图 2-5-10 所示。

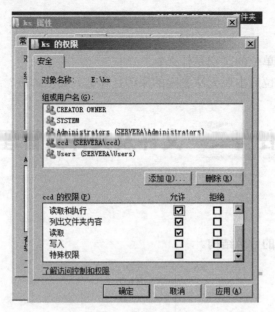

图 2-5-10　进行权限设置

成果展示

所有的文件夹权限设置完成之后，可以对文件夹的权限进行验证（需要切换到对应的用户）。

拓展练习

（1）建立如下所示的目录结构。

```
K ┬ D1
  ├ D2
  ├ D3
  └ K ┬ TEST
      └ GP1
```

（2）建立用户和用户组。

建立 D1、D2 和 D3 三个用户账户及 D 用户组，这个组包括 D1、D2 和 D3 用户，赋予 D1 和 D3 管理员权限。

（3）按表 2-5-3 对相关文件夹和文件进行安全属性设置。

表 2-5-3　属性设置

目录/文件　　账户	文件夹 K	文件夹 K	文件夹 Di	TEST1 文件夹下所有文件	GP1 文件夹下所有文件
管理员 Administrator	完全控制	完全控制	完全控制	完全控制	完全控制
考试组 D		读取、写入		读取、写入	读取
用户 Di	读取、执行		完全控制		

162

 **磁盘管理**

任务目标

为提高公司数据的安全性，通过磁盘管理方式在服务器上添加 3 块大小为 10GB 的虚拟硬盘，并完成以下设置。

（1）创建 RAID-1 镜像卷，卷大小为 1GB，盘符为 F 盘，NTFS 格式化，新建文件夹，将文件夹命名为"财务部数据"。

（2）创建 RAID-5 镜像卷，每块硬盘取 1GB 空间组成 G 盘，NTFS 格式化，给各部门新建文件夹，如表 2-5-4 所示。

表 2-5-4　新建文件夹名称

部门名称	文件夹名称
售后维护部	售后维护部数据
仓管后勤部	仓管后勤部数据
市场部	市场部数据
总经理	总经理数据
经理	经理数据
公共资源共享	公共资源文件夹

知识准备

简单卷：构成单个物理磁盘空间的卷。它可以由磁盘上的单个区域或同一磁盘上连接在一起的多个区域组成，可以在同一磁盘内扩展简单卷。

跨区卷：一种和简单卷结构相似的动态卷，必须建立在动态磁盘上。跨区卷将来自多个磁盘的未分配空间合并到一个逻辑卷中，这样用户可以更有效地使用多个磁盘系统上的所有空间和所有驱动器号。

带区卷：由两块或两块以上硬盘组成，每块硬盘所贡献的空间大小必须相同，是一种动态卷，必须创建在动态磁盘上。因为带宽加倍，所以读/写速度加倍，但是没有提供数据保护功能，只要任何一块硬盘损坏就会丢失所有数据。

镜像卷：即 RAID-1，通过磁盘数据镜像实现数据冗余，在成对的独立磁盘上产生互为备份的数据。当原始数据繁忙时，可直接从镜像拷贝中读取数据。当一个磁盘失效时，系统可以自动切换到镜像磁盘上读写，而不需要重组失效的数据。

RAID-5：一种存储性能、数据安全和存储成本兼顾的存储解决方案。RAID-5 可以为系统提供数据安全保障，具有和 RAID-0 近似的数据读取速度。由于多个数据对应一个奇偶校验信息，RAID-5 的磁盘空间利用率要比 RAID-1 高，存储成本相对较低，是目前运用较多的一种解决方案。

任务实施

第一步：添加磁盘。

打开 Windows Server 2008 R2，进入"虚拟机设置"界面，单击"硬件"选项卡中的"添加"按钮，在弹出的"添加硬件向导"对话框中选择"硬盘"选项，单击"下一步"按钮，如图 2-5-11 所示。

图 2-5-11 添加磁盘向导

选择"SCSI"虚拟硬盘类型后单击"下一步"按钮，选中"创建新虚拟磁盘"单选按钮，单击"下一步"按钮，如图 2-5-12 所示。

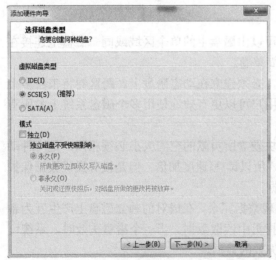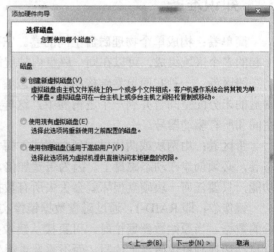

图 2-5-12 选择磁盘类型并新建磁盘

指定磁盘容量后单击"下一步"按钮，输入磁盘文件名后单击"完成"按钮，如图 2-5-13 所示。

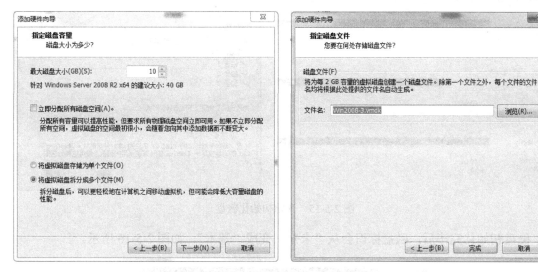

图 2-5-13　设置磁盘大小及文件名

完成 3 块硬盘添加后，结果如图 2-5-14 所示。

图 2-5-14　添加 3 块硬盘

第二步：初始化磁盘。

启动虚拟机进入系统后，打开 Windows Server 2008 R2 的"服务器管理"窗口，选择"磁盘"选项，在弹出的对话框中右击新添加的硬盘，在弹出的快捷菜单中选择"联机"选项。然后选择"初始化磁盘"选项，会弹出一个对话框，单击"确定"按钮，开始初始化磁盘，如图 2-5-15 所示。

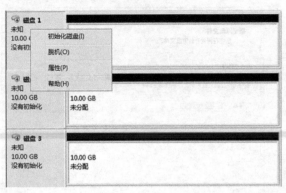
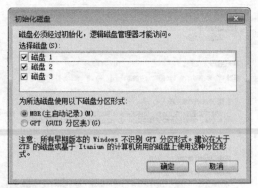

图 2-5-15　开始初始化磁盘

磁盘初始化完毕后，磁盘标识会从"未知"变成"基本"，如图 2-5-16 所示。

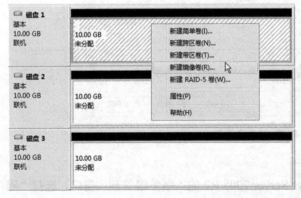

图 2-5-16　完成磁盘初始化

第三步：创建 RAID-1 镜像卷。

选择"磁盘 1"上未分配的空间，右击，在弹出的快捷菜单中选择"新建镜像卷"选项，弹出"新建镜像卷"对话框，单击"下一步"按钮，如图 2-5-17 所示。

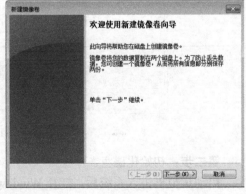

图 2-5-17　新建镜像卷

在"选择磁盘"对话框中选择 3 块要使用的磁盘，分配 1GB 的容量（**注意**：可选择三块以上的磁盘，且容量必须一致），单击"下一步"按钮，如图 2-5-18 所示。

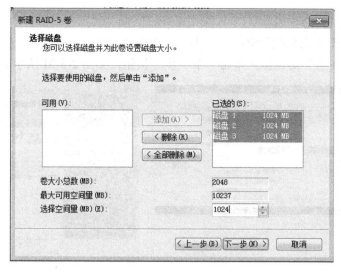

图 2-5-18　设置镜像卷容量

选中"分配以下驱动器号"单选按钮，单击"下一步"按钮，选择文件系统类型并勾选"执行快速格式化"复选框，单击"下一步"按钮，如图 2-5-19 所示。

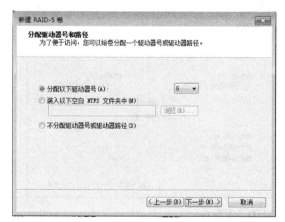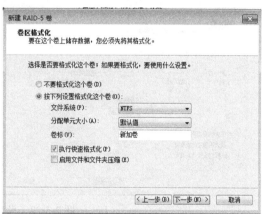

图 2-5-19　设置盘符及文件系统类型

核对创建的镜像卷信息无误后单击"确定"按钮，完成后的效果如图 2-5-20 所示。

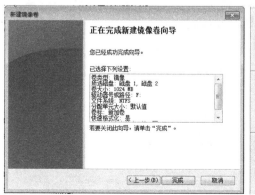

图 2-5-20　完成镜像卷的创建

第四步：创建 RAID-5 卷。

选择"磁盘 1"上未分配的空间，右击，在弹出的快捷菜单中选择"新建 RAID-5 卷"，弹出"新建 RAID-5 卷"对话框，单击"下一步"按钮，如图 2-5-21 所示。

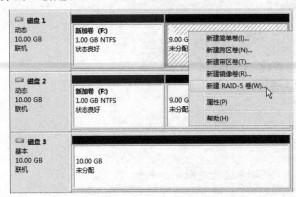
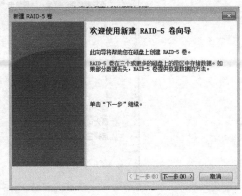

图 2-5-21　新建 RAID-5 卷向导

在"选择磁盘"对话框中选择 2 块要使用的磁盘，各分配 1GB 的容量（**注意：只能选择 2 块磁盘，且容量必须一致**），单击"下一步"按钮，如图 2-5-22 所示。

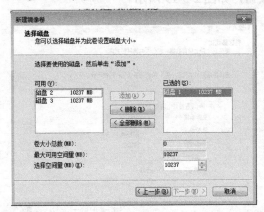
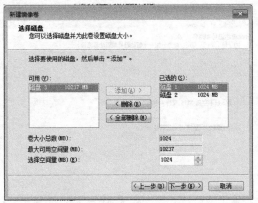

图 2-5-22　设置 RAID-5 卷容量

选中"分配以下驱动器号"单选按钮后，单击"下一步"按钮，选择文件系统类型并勾选"执行快速格式化"复选框，单击"下一步"按钮，如图 2-5-23 所示。

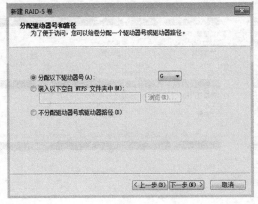
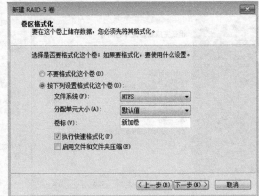

图 2-5-23　设置盘符及文件系统类型

核对创建的镜像卷信息无误后单击"确定"按钮，完成 RAID-5 卷的创建，如图 2-5-24 所示。

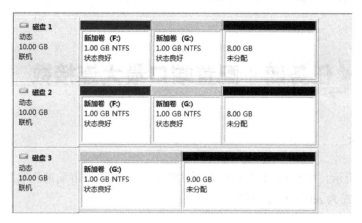

图 2-5-24　完成 RAID-5 卷的创建

第五步：创建文件夹。

将之前创建的各部门文件夹移动到以上镜像卷或者 RAID-5 卷，可以提升数据的安全性，如图 2-5-25 所示。

图 2-5-25　将文件夹移动到镜像卷和 RAID-5 卷中

拓展练习

（1）在中心设备间服务器上添加 3 块大小为 10GB 的虚拟硬盘。

（2）创建 RAID-1 镜像卷，卷大小为 1GB，盘符为 H 盘，使用 NTFS 文件系统并进行格式化。

（3）创建 RAID-5 镜像卷，每块硬盘取 1GB 空间组成 J 盘，使用 NTFS 文件系统并进行格式化。

任务四　配置端口最大连接数

任务目标

如图 2-5-26 所示，在 SW1 上配置端口最大连接数，实现"市场部"端口的最大连接数为2，违例的处理方式为 restrict（限制）。

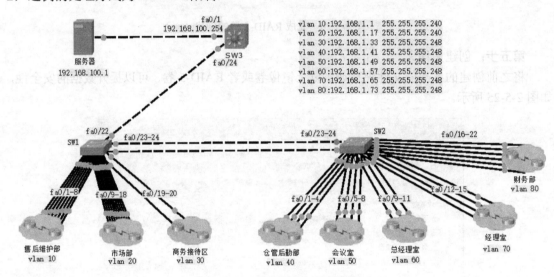

图 2-5-26　公司网络拓扑结构图

知识准备

1. 端口最大连接数

所谓端口的最大连接数，就是交换机的某一个端口最大允许几个 MAC 地址连接到该端口上。通过配置可以控制端口能够连接的 PC 数量，以提高网络的安全性，方便管理。

2. 配置端口最大连接数

配置命令如下：

```
Switch (config)# interface fa0/X
Switch (config-if)# switchport mode access     //将接口模式设置为access模式
Switch (config-if)# switchport port-security    //开启端口安全功能
Switch (config-if)# switchport port-security  maximum X  /*设置端口最大连接数为X*/
Switch (config-if)# switchport port-security  violation protect/
```

```
restrict/shutdown
      //设置违例处理的方式：protect 表示保护、restrict 表示限制、shutdown 表示关闭
```

3. 违例的处理方式

违例的处理方式有三种，分别为 protect、restrict、shutdown。

（1）protect 模式：当违例产生时，端口不关闭，合法的主机数据帧正常转发，违例的新主机的数据帧将丢失，但不会发送 SNMP trap 通知。

（2）restrict 模式，当违例产生时，端口不关闭，合法的主机数据帧正常转发，违例的新主机的数据帧将丢失，会发送 SNMP trap 通知，并且记录日志。

（3）restrict 模式，当违例产生时，端口关闭，会发送 SNMP trap 通知，并且记录日志。

任务实施

第一步：配置端口最大连接数，其配置命令如下。

```
SW1(config)# interface range fa0/9-18   //进入需要配置最大连接数的接口模式
SW1(config-if-range)# switchport mode access   //将接口模式设置为 access 模式
SW1(config-if-range)# switchport port-security   //开启端口安全功能
SW1(config-if-range)# switchport port-security maximum 1
                                          //设置端口最大连接数为1
```

第二步：配置违例的处理方式，其配置命令如下。

```
SW1(config-if-range)# switchport port-security violation restrict /*设置
违例处理的方式为 restrict*/
```

成果展示

配置端口最大连接数后，查看内容如下。

```
interface FastEthernet0/9
 switchport mode access
 switchport port-security
 switchport port-security maximum 2
 switchport port-security violation restrict
!
interface FastEthernet0/10
 switchport mode access
 switchport port-security
 switchport port-security maximum 2
 switchport port-security violation restrict
!
interface FastEthernet0/11
 switchport mode access
 switchport port-security
 switchport port-security maximum 2
 switchport port-security violation restrict
!
interface FastEthernet0/12
 switchport mode access
 switchport port-security
 switchport port-security maximum 2
 switchport port-security violation restrict
!
```

```
interface FastEthernet0/13
 switchport mode access
 switchport port-security
 switchport port-security maximum 2
 switchport port-security violation restrict
!
interface FastEthernet0/14
 switchport mode access
 switchport port-security
 switchport port-security maximum 2
 switchport port-security violation restrict
!
interface FastEthernet0/15
 switchport mode access
 switchport port-security
 switchport port-security maximum 2
 switchport port-security violation restrict
!
interface FastEthernet0/16
 switchport mode access
 switchport port-security
 switchport port-security maximum 2
 switchport port-security violation restrict
!
interface FastEthernet0/17
 switchport mode access
 switchport port-security
 switchport port-security maximum 2
 switchport port-security violation restrict
!
interface FastEthernet0/18
 switchport mode access
 switchport port-security
 switchport port-security maximum 2
 switchport port-security violation restrict
!
```

拓展练习

将交换机的 fa0/1～fa0/20 端口最大连接数设置为 3，违例的处理方式为保护。

任务目标

如图 2-5-26 所示，在 SW1 上配置端口绑定，将"总经理室"的 3 台 PC 绑定在相应端口上（注意：总经理室 3 台 PC 的 MAC 地址使用"ipconfig /all"命令查看并绑定，本书将以 0001.643A.E64D、0001.4356.5D76、0001.4355.AEA3，三个 MAC 地址为例进行绑定）。

知识准备

1. 端口绑定

所谓端口绑定，就是将交换机的某一个端口和其所连接的计算机的 MAC 地址、IP 地址进行绑定，如果有其他计算机连接到这个端口上或者合法计算机擅自修改 IP 地址也是不能使用的。这样既提高了网络的安全性，也方便了管理。

2. 配置 SVI

配置 SVI 命令如下。

```
Switch (config)# interface fa0/X
Switch (config-if)# switchport mode access        //将接口模式设置为 access 模式
Switch (config-if)# switchport port-security      //开启端口安全功能
Switch (config-if)# switchport port-security mac-address 绑定计算机的MAC
地址        //将计算机 MAC 地址与交换机接口进行绑定
```

小技巧：查看网卡 MAC 地址，可以在 PC 的命令提示符中输入 "ipconfig /all" 命令来实现，结果如图 2-5-27 所示。

```
PC>ipconfig /all

FastEthernet0 Connection:(default port)
Physical Address.................: 0002.1611.06C7
Link-local IPv6 Address..........: FE80::202:16FF:FE11:6C7
IP Address.......................: 0.0.0.0
Subnet Mask......................: 0.0.0.0
Default Gateway..................: 0.0.0.0
DNS Servers......................: 0.0.0.0
DHCP Servers.....................: 0.0.0.0
```

图 2-5-27　MAC 地址信息

任务实施

第一步：查看总经理办公室 3 台 PC 的 MAC 地址。

使用 "ipconfig /all" 命令查看总经理办公室 3 台 PC 的 MAC 地址，并记录下来。

第二步：将总经理办公室的 PC 28（MAC 地址为 0001.643A.E64D）绑定到 fa0/9 接口上，其命令如下。

```
SW2(config)# interface fa0/9                        //进入需要配置端口绑定的接口模式
SW2(config-if)# switchport mode access             //将接口模式设置为 access 模式
SW2(config-if)# switchport port-security           //开启端口安全功能
SW2(config-if)# switchport port-security mac-address 0001.643A.E64D   /*
将计算机 MAC 地址与交换机接口绑定*/
```

第三步：将另外 2 台 PC 的 MAC 地址分别绑定到 fa0/10、fa0/11 接口上。

配置方法略。

成果展示

端口绑定结果如下。

```
interface FastEthernet0/9
 switchport mode access
 switchport port-security
 switchport port-security mac-address 0001.643A.E64D
!
interface FastEthernet0/10
 switchport mode access
 switchport port-security
 switchport port-security mac-address 0001.4356.5D76
!
interface FastEthernet0/11
 switchport mode access
 switchport port-security
 switchport port-security mac-address 0001.4355.AEA3
!
```

拓展练习

根据如下拓扑结构图，将 PC1 的 MAC 地址绑定在交换机的 fa0/1 端口上、PC2 的 MAC 地址绑定在交换机的 fa0/2 端口上，测试 PC1 是否能 ping 通 PC2；交换 PC1 与 PC2 端口，测试 PC1 是否能 ping 通 PC2。

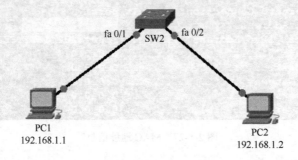

项目三

园区网络构建与管理

▶ 园区网络项目背景

柳州市第一职业技术学校于 1983 年创办，1995 年、2000 年、2003 年、2009 年均以高分通过评估成为国家级重点职业中专学校，四次迈进全国教育系统先进行列；2002 年被认定为"国家重点建设示范性职业学校"，2014 年被认定为首批"国家中等职业教育改革发展示范学校"。

1. 项目基本情况

柳州市第一职业技术学校 2012 年起搬迁进驻官塘新校区，其中信息技术实训楼于 2012 年初建成，占地面积 1485m²，共 5 层，每层 5 间实训室。现以信息技术实训楼接入行政楼的校园网络中心为例，构建校园网络，如图 3-1-1 所示。

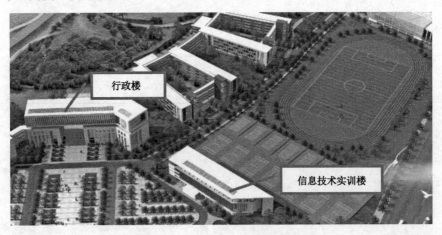

图 3-1-1　行政楼与实训楼俯视图

2. 项目需求概述

信息技术与新媒体技术实训楼分为 5 层楼共 28 间实训室，每间实训室计划设置 4 个信息接入点，其中 400 区域为整栋楼的网络中心，汇聚了整栋楼的网络，并通过光缆与行政楼连接，实现实训楼内 PC 和终端设备接入校园网络访问 Internet。楼内采用超五类双绞线布线系统，构建千兆主干、百兆交换到桌面的高速交换式以太网，能够实现通过域名访问学校网站、文件上传下载、IP 地址自动分配等功能。实训楼各楼层平面图如图 3-1-2～图 3-1-6 所示。

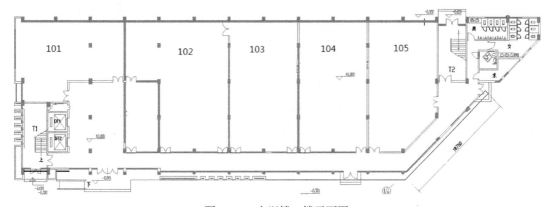

图 3-1-2 实训楼一楼平面图

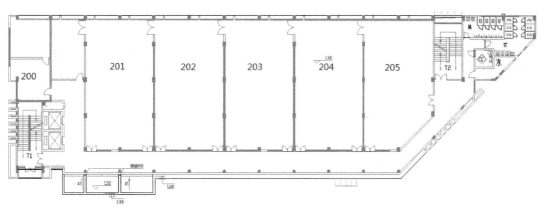

图 3-1-3 实训楼二楼平面图

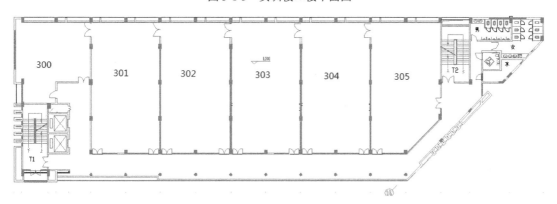

图 3-1-4 实训楼三楼平面图

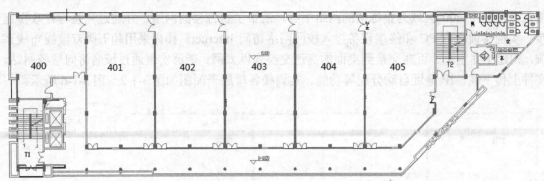

图 3-1-5　实训楼四楼平面图

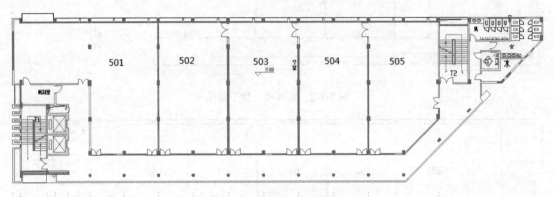

图 3-1-6　实训楼五楼平面图

单元二

园区网络设计

 绘制综合布线平面图

任务目标

使用 AutoCAD 软件在已有的图纸上绘制信息技术与新媒体技术实训楼综合布线平面图。

任务实施

实施步骤省略。

成果展示

绘制信息技术与新媒体技术实训楼综合布线平面图，如图 3-2-1～图 3-2-5 所示。

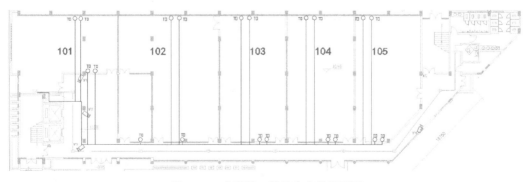

图 3-2-1　实训楼一楼综合布线平面图

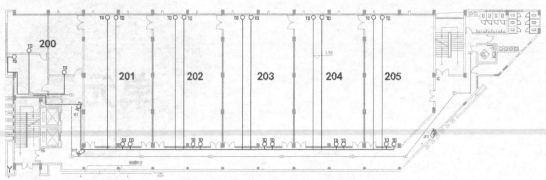

图 3-2-2　实训楼二楼综合布线平面图

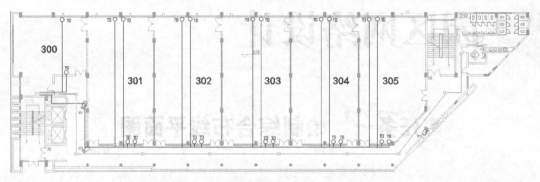

图 3-2-3　实训楼三楼综合布线平面图

图 3-2-4　实训楼四楼综合布线平面图

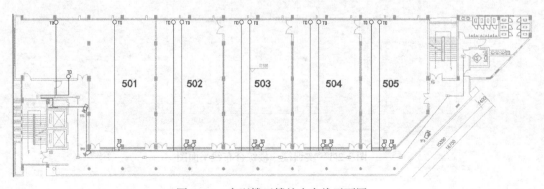

图 3-2-5　实训楼五楼综合布线平面图

 **绘制网络拓扑结构图**

任务目标

根据学校信息技术与新媒体技术实训楼接入行政楼校园网的施工平面图，使用 Visio 软件绘制网络拓扑结构图。

任务实施

实施步骤省略。

成果展示

信息技术实训楼接入学校行政楼校园网的网络拓扑结构最终效果如图 3-2-6 所示。

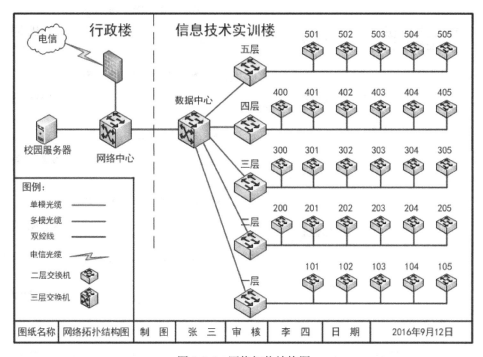

图 3-2-6　网络拓扑结构图

任务三 绘制系统图

任务目标

使用 AutoCAD 软件为柳州市第一职业技术学校绘制系统图。

任务实施

实施步骤省略。

成果展示

信息技术实训楼接入学校行政楼校园网的系统图最终效果如图 3-2-7 所示。

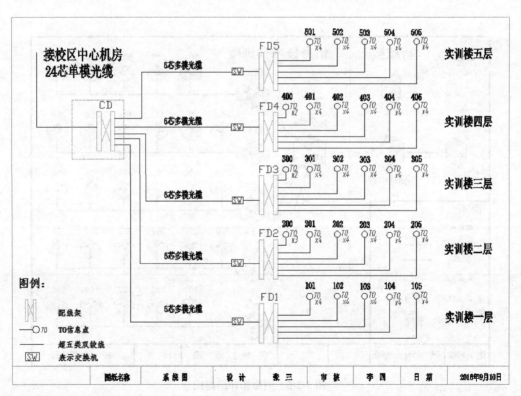

图 3-2-7　系统图

 编制信息点统计表

任务描述

根据柳州市第一职业技术学校的施工平面图，编制信息点统计表，统计信息点的数量。

任务实施

实施步骤省略。

成果展示

信息点统计表如表 3-2-1 所示。

表 3-2-1　信息点统计表

楼层＼实训室	X00	X01	X02	X03	X04	X05	楼层合计
第 1 层		4	4	4	4	4	20
第 2 层	3	4	4	4	4	4	23
第 3 层	2	4	4	4	4	4	22
第 4 层	2	4	4	4	4	4	22
第 5 层		4	4	4	4	4	20
合　　计							107
制　表	张三		审　核	李四		日　期	2016年9月14日
说明：表中X为楼层编号。							

 编制端口对应编号表

任务目标

编制配线架端口标签编号对照表和端口标签号位置对照表。

任务实施

实施步骤省略。

成果展示

机柜配线架端口标签编号对照表如表 3-2-2 所示。

表 3-2-2　机柜配线架端口标签编号对照表

机柜配线架端口标签编号对照表

	1	2	3	4	5	6	7	8	9	10	11	12	13	14	15	16	17	18	19	20	21	22	23	24
一楼配线架1#	101D1	101D2	101D3	101D4	102D1	102D2	102D3	102D4	103D1	103D2	103D3	103D4	104D1	104D2	104D3	104D4	105D1	105D2	105D3	105D4				
二楼配线架2#	200D1	200D2	200D3	201D1	201D2	201D3	201D4	202D1	202D2	202D3	202D4	203D1	203D2	203D3	203D4	204D1	204D2	204D3	204D4	205D1	205D2	205D3	205D4	
三楼配线架1#	300D1	300D2	301D1	301D2	301D3	301D4	302D1	302D2	302D3	302D4	303D1	303D2	303D3	303D4	304D1	304D2	304D3	304D4	305D1	305D2	305D3	305D4		
四楼配线架1#	400D1	400D2	401D1	401D2	401D3	401D4	402D1	402D2	402D3	402D4	403D1	403D2	403D3	403D4	404D1	404D2	404D3	404D4	405D1	405D2	405D3	405D4		
五楼配线架1#	501D1	501D2	501D3	501D4	502D1	502D2	502D3	502D4	503D1	503D2	503D3	503D4	504D1	504D2	504D3	504D4	505D1	505D2	505D3	505D4				
数据中心400#	1#MFT1	1#MFR1	2#MFT1	2#MFR1	3#MFT1	3#MFR1	4#MFT1	4#MFR1	5#MFT1	5#MFR1														
学校网络中心S#	400#SFT1	400#SFR1	400#SFT2	400#SFR2	400#SFT3	400#SFR3	400#SFT4	400#SFR4																

制表	张三
日期	2016年9月14日

端口标签号位置对照表如表 3-2-3 所示。

表 3-2-3 端口标签号位置对照表

标签编号	标签位置	标签编号	标签位置	标签编号	标签位置	标签编号	标签位置	标签编号	标签位置
101D1		200D1		300D1		400D1		501D1	
101D2	101	200D2	200	300D2	300	400D2	400	501D2	
101D3		200D3		301D1		401D1		501D3	501
101D4		201D1		301D2		401D2		501D4	
102D1		201D2		301D3	301	401D3	401	502D1	
102D2	102	201D3	201	301D4		401D4		502D2	
102D3		201D4		302D1		402D1		502D3	502
102D4		202D1		302D2	302	402D2		502D4	
103D1		202D2		302D3		402D3	402	503D1	
103D2	103	202D3	202	302D4		402D4		503D2	
103D3		202D4		303D1		403D1		503D3	503
103D4		203D1		303D2	303	403D2		503D4	
104D1		203D2		303D3		403D3	403	504D1	
104D2	104	203D3	203	303D4		403D4		504D2	
104D3		203D4		304D1		404D1		504D3	504
104D4		204D1		304D2	304	404D2		504D4	
105D1		204D2		304D3		404D3	404	505D1	
105D2	105	204D3	204	304D4		404D4		505D2	
105D3		204D4		305D1		405D1		505D3	505
105D4		205D1		305D2	305	405D2	405	505D4	
		205D2	205	305D3		405D3			
		205D3		305D4		405D4			
		205D4							
制 表		张三		日 期				2016年9月14日	

 任务六 编制 IP 地址分配表

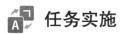 任务描述

为柳州市第一职业技术学校各个办公室的计算机分配 IP 地址。

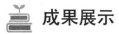 任务实施

实施步骤省略。

成果展示

IP 地址分配表如表 3-2-4 所示。

表 3-2-4 IP 地址分配表

实训室名称	VIAN ID	IP 地址	子 网 掩 码	网 关
101	11	192.169.11.0	255.255.255.0	192.169.11.254
102	12	192.169.12.0	255.255.255.0	192.169.12.254
103	13	192.169.13.0	255.255.255.0	192.169.13.254

续表

实训室名称	VIAN ID	IP 地址	子 网 掩 码	网 关
104	14	192.169.14.0	255.255.255.0	192.169.14.254
105	15	192.169.15.0	255.255.255.0	192.169.15.254
200	16	192.169.16.0	255.255.255.0	192.169.16.254
201	17	192.169.17.0	255.255.255.0	192.169.17.254
202	18	192.169.18.0	255.255.255.0	192.169.18.254
203	19	192.169.19.0	255.255.255.0	192.169.19.254
204	20	192.169.20.0	255.255.255.0	192.169.20.254
205	21	192.169.21.0	255.255.255.0	192.169.21.254
300	22	192.169.22.0	255.255.255.0	192.169.22.254
301	23	192.169.23.0	255.255.255.0	192.169.23.254
302	24	192.169.24.0	255.255.255.0	192.169.24.254
303	25	192.169.25.0	255.255.255.0	192.169.25.254
304	26	192.169.26.0	255.255.255.0	192.169.26.254
305	27	192.169.27.0	255.255.255.0	192.169.27.254
400	28	192.169.28.0	255.255.255.0	192.169.28.254
401	29	192.169.29.0	255.255.255.0	192.169.29.254
402	30	192.169.30.0	255.255.255.0	192.169.30.254
403	31	192.169.31.0	255.255.255.0	192.169.31.254
404	32	192.169.32.0	255.255.255.0	192.169.32.254
405	33	192.169.33.0	255.255.255.0	192.169.33.254
501	34	192.169.34.0	255.255.255.0	192.169.34.254
502	35	192.169.35.0	255.255.255.0	192.169.35.254
503	36	192.169.36.0	255.255.255.0	192.169.36.254
504	37	192.169.37.0	255.255.255.0	192.169.37.254
505	38	192.169.38.0	255.255.255.0	192.169.38.254
制表	张三	日期	2016 年 9 月 16 日	

任务七　设备选型

 任务目标

根据项目需求选择合适的设备及耗材，编制预算表。

知识准备

1．SFP+光纤模块

SFP+光纤模块是将千兆位电信号转换为光信号的接口器件。它用于支持 SFP 的交换机上，用于拓展光纤接口以连接光纤。按使用光纤种类可分为单模和多模两种类型；按使用波长，可分为 850nm、1310nm、1550nm、1490nm、1530nm、1610nm，如图 3-2-8 所示。

2. 路由器

路由器（Router）用于连接多个逻辑上分开的网络，所谓逻辑网络是代表一个单独的网络或者一个子网。当数据从一个子网传输到另一个子网时，可通过路由器的路由功能来完成。路由器是属于网络层的一种互连设备，如图3-2-9所示。

图 3-2-8　SFP+光纤模块

图 3-2-9　神州数码 DCME-320 交换机

任务实施

上网查找所需网络设备，将型号与价格填入设备统计表，如表3-2-4所示。

表 3-2-4　设备统计表

名　　称	型　　号	数　　量	单　　价	小　　计
三层核心交换机				
路由器				
SFP 光模块千兆多模单纤 SC 接口				
SFP 光模块万兆单模单纤 SC 接口				
不间断电源				
服务器				
合计				

单元三

园区网络项目实施

园区网络项目实施工内容选取四楼"401"、"402"、"数据中心"三个区域；五楼"501"、"502"两个区域；"学校网络中心"的网络布线，在实训木墙上模拟。

注意： 四楼采用线管施工、五楼采用线槽施工。施工的正视图、侧视图如图 3-3-1 所示。

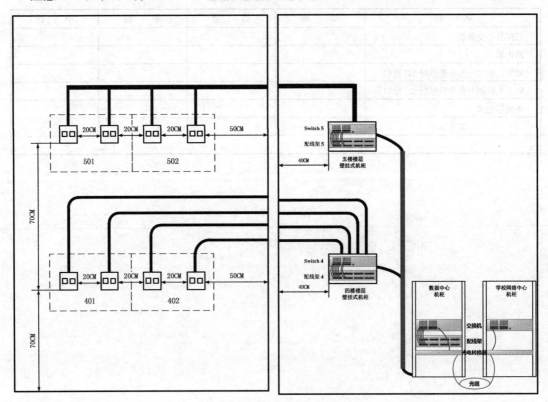

图 3-3-1　施工正视图、侧视图

 **搭建工作区、水平子系统**

任务目标

搭建"401"、"402"、"501"、"502"工作区子系统。

任务实施

实施步骤省略。

成果展示

工作区、水平子系统最终效果如图 3-3-2 所示。

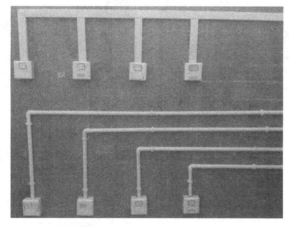

图 3-3-2　工作区、水平子系统

 **搭建管理子系统**

任务目标

搭建四楼、五楼的管理子系统。

任务实施

实施步骤省略。

注意：这里使用的不是多媒体配线箱，而是壁挂式机柜。

第一步：检查机柜。

安装前检查新产品的外观有无破损，机柜门开头有无错位或能否锁紧，如图 3-3-3 所示。

图 3-3-3　检查机柜

第二步：做好打孔标记。

卸下机柜门，小心放置好，将机柜放置到安装位置，用铅笔在固定孔位置上做好打孔标记，如图 3-3-4 所示。

图 3-3-4　卸下柜门做好标记

第三步：打孔固定机柜。

在打孔标记处打孔，用膨胀螺钉将机柜固定在墙面上，此处使用螺钉将机柜固定在实训木墙上，如图 3-3-5 所示。

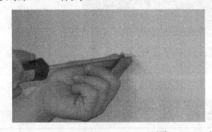

图 3-3-5　打孔固定机柜

第四步：装好柜门。

固定好机柜后，安装好机柜门并关好，完成壁挂式机柜的安装，如图 3-3-6 所示。

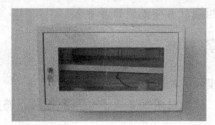

图 3-3-6　完成安装

成果展示

管理子系统最终效果如图 3-3-7 所示。

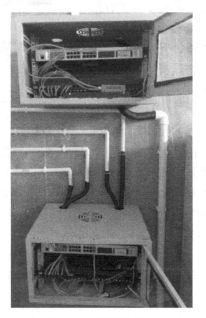

图 3-3-7　管理子系统

 **搭建垂直子系统**

任务目标

搭建四楼、五楼垂直子系统。

知识准备

1. 垂直子系统

垂直子系统是综合布线系统的数据流主干，所有楼层的信息流通过配线子系统汇集到垂直子系统。垂直子系统由设备间至电信间的干线电缆和光缆，安装在设备间的建筑物配线设备（BD）及设备缆线和跳线组成，如图 3-3-8 所示。

垂直子系统一般采用大对数双绞线电缆或光缆，两端分别端接在设备间和楼层电信间的配线架上。垂直电缆的规格和数量由每个楼层所连接的终端设备类型及数量决定。垂直子系统一般采用垂直路由、垂直线缆沿着垂直竖井布放。

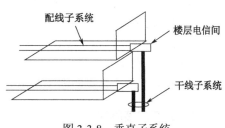

图 3-3-8　垂直子系统

2．光缆

光缆是一种通信缆线，由两个或多个石英玻璃或塑料光纤芯组成，这些光纤芯位于保护性的覆层内，由塑料 PVC 外部套管覆盖。沿内部光纤进行的信号传输一般使用红外线。光缆通信是现代信息传输的重要方式之一，它具有容量大、中继距离长、保密性好、不受电磁干扰和节省铜材等优点。其结构如图 3-3-9 所示。

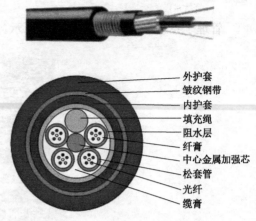

光纤是由中心的纤芯和外围的包层同轴组成的双层同心圆柱体。纤芯的作用是导光，因其质地脆，易断裂，因此纤芯需要外加一层保护层。光纤按传输模式可分为单模光纤和多模光纤；按使用环境的不同可分为室内光缆和室外光缆。

图 3-3-9　光缆及其结构

1）单模光纤

单模光纤的纤芯直径很小，在给定的工作波长上只能以单一模式传输，传输频带宽，传输容量大。光信号可以沿着光纤的轴向传播，因此光信号的损耗很小，离散也很小，传播的距离较远。单模光缆保护套颜色为黄色。

2）多模光纤

多模光纤是在给定的工作波长上，能以多个模式同时传输的光纤。由于多模光纤中传输的模式多达数百个，各个模式的传播常数和群速率不同，使得光纤的带宽窄，色散大，损耗也大，只适用于中短距离和小容量的光纤通信系统。多模光缆保护套颜色为橙色或水绿色。

3）室内光缆

室内光缆主要由光导纤维（细如头发的玻璃丝）和塑料保护套管及塑料外皮构成，它抗拉强度小，保护层较差，但也更轻便、经济。室内光缆主要适用于建筑物内的布线，以及网络设备之间的连接。

4）室外光缆

室外光缆构成与室内光缆类似，但室外光缆的抗拉强度大，保护层较厚重，并且通常为铠装（即由金属皮包裹）。室外光缆主要适用于建筑物之间和远程网络之间的互连。

3．光端机

在远程光纤传输中，光缆对信号的传输影响很小，光纤传输系统的传输质量主要取决于光端机的质量，因为光端机负责光电转换以及光发射和光接收，它的优劣直接影响整个系统。光纤接口是用来连接光纤线缆的物理接口，通常有 SC、ST、FC 等几种类型。其外观如图 3-3-10 所示。

图 3-3-10　光端机

4．光纤熔接原理

光纤连接采用熔接方式。熔接是通过将光纤的端面熔化后将两根光纤连接到一起的，这个过程与金属线焊接类似，通常要用电弧来完成。熔接的示意图如图 3-3-11 所示。

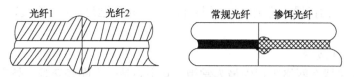

图 3-3-11　光纤熔接示意图

熔接连接光纤不产生缝隙，因此不会引入反射损耗，入射损耗也很小，在 0.01～0.15dB 之间。在光纤进行熔接前要把它的涂敷层剥离，涂敷层本身是保护连接的光纤的护套，但熔接在连接处却没有任何的保护作用。因此，熔接光纤设备包括重新涂敷器，它涂敷熔接区域。作为选择的另一种方法是使用熔接保护套管。它们是一些分层的小管，其基本结构和通用尺寸如图 3-3-12 所示。

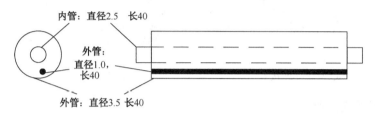

图 3-3-12　光纤熔接保护套管的基本结构和通用尺寸

将保护套管套在接合处，然后对它们进行加热。内管是由热缩材料制成的，因此这些套管可以牢牢地固定在需要保护的地方，加固件可避免光纤在这一区域受到弯曲。

5．光纤连接器

光纤连接器的主要用途是实现光纤的接续，一般采用高精密组件（由两个插针和一个耦合管共三部分组成）实现光纤的对准连接。按连接头结构形式，其可分为 FC、SC、ST、LC、D4、DIN、MU、MT 等。其中，ST 连接器通常用于布线设备端，如光纤配线架、光纤模块等；而 SC 和 MT 连接器通常用于网络设备端。

1）FC 型光纤连接器

FC 是 Ferrule Connector 的缩写，表明其外部加强方式是采用金属套，紧固方式为螺钉扣，如图 3-3-13 所示。

图 3-3-13　FC 型光纤连接器

2）SC 型光纤连接器

SC 型光纤连接器外壳呈矩形，所采用的插针与耦合套筒的结构尺寸与 FC 型完全相同。

其中插针的端面多采用 PC 或 APC 型研磨方式；紧固方式是采用插拔销闩式，不需旋转。此类连接器价格低廉，插拔操作方便，介入损耗波动小，抗压强度较高，安装密度高，如图 3-3-14 所示。

3）ST 型光纤连接器

ST 型光纤连接器在网络工程中最为常用，其中心是一个陶瓷套管，外壳呈圆形，所采用的插针与耦合套筒的结构尺寸与 FC 型完全相同，其中，插针的端面采用 PC 型或 APC 型研磨方式，紧固方式为螺钉扣。安装时必须人工或用机器将光纤抛光，去掉所有的杂痕，外壳旋转 90 度即可将插头连接到护套上，如图 3-3-15 所示。

图 3-3-14　SC 型光纤连接器　　　　　　图 3-3-15　ST 型光纤连接器

4）LC 型光纤连接器

LC 型光纤连接器采用操作方便的模块化插孔（RJ）闩锁机理制成。其所采用的插针和套筒的尺寸是普通 SC、FC 等所用尺寸的一半，为 1.25mm。这样可以提高光纤配线架中光纤连接器的密度。目前，在单模 SFF 方面，LC 型光纤连接器实际上已经占据了主导地位，在多模方面的应用也增长迅速，如图 3-3-16 所示。

图 3-3-16　LC 型光纤连接器

6．光纤跳线

光纤跳线是两条带有光纤连接器的光纤软线，有单芯和双芯、多模和单模之分。光纤跳线主要用于光纤配线架到交换设备或光纤信息插座到计算机的跳接，其长度一般为 3m 左右。常见跳线类型如图 3-3-17 所示。

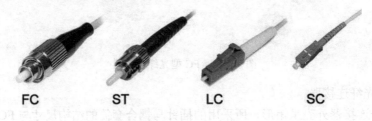

图 3-3-17　常见跳线类型

7．光纤熔接工具

光纤熔接技术主要是用熔纤机将光纤和光纤或光纤和尾纤连接，把光缆中的裸纤和光纤尾纤熔合在一起变成一个整体，而尾纤则有一个单独的光纤头。在光纤的熔接过程中用到的主要材料及工具如表 3-3-1 所示。

表 3-3-1　光纤熔接材料及工具表

材 料 名 称	作 用	工 具 名 称	作 用
室内光缆	光缆的一种	熔接机	用于光纤间的熔接
尾纤	通过熔接与其他光纤连接	台式切割刀	用于光纤切割
热缩套管	保护光纤熔接头	光纤涂覆层剥离钳	用于剥离光纤涂敷层和外护层
无水酒精	清洁纤芯	光纤剥线钳	用于剥离光纤护套
耦合器	用于光纤的连接	外纤切割刀	用于切割室外光缆外铠甲护套
清洁剂	用于清洁光纤	大力钳	用于剪断室外光缆外铠甲中的钢丝

任务实施

第一步：敷设光缆。

将室内光缆放入垂直子系统中，注意光缆敷设中曲率半径不得小于光缆外径的 20 倍。

第二步：开缆。

将光缆固定到接续盒内，使用专用开剥工具，将光缆外护套开剥长度 0.5m 左右（在开剥光缆之前应去除施工时受损变形的部分），如图 3-3-18 所示。

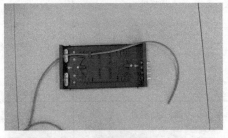
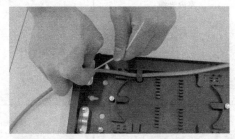
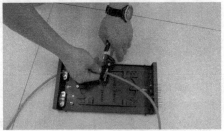
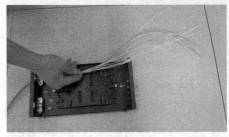

图 3-3-18　剥离光纤外皮

第三步：排线。

将不同束管、不同颜色的光纤分开，穿过热缩管。剥去涂敷层的光纤很脆弱，使用热缩管，可以保护光纤熔接头，如图 3-3-19 所示。

图 3-3-19　穿热缩管

第四步：切割。

首先用光纤熔接机配置的光纤专用剥线钳剥去光纤纤芯上的涂敷层，再用沾酒精的清洁棉在裸纤上擦拭几次，用力要适度，如图 3-3-20 所示。再用精密光纤切割刀切割光纤，切割长度一般为 15mm～20mm，如图 3-3-21 所示。依次将要熔接的光纤切割好。

图 3-3-20　剥纤

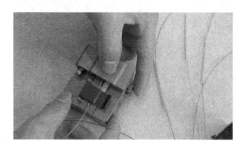

图 3-3-21　切割

第五步：熔接。

打开熔接机电源，设置光纤熔接模式，将切割好的光纤分别放在熔接机左右两边的 V 形槽中，小心压上光纤压板和光纤夹具，要根据光纤切割长度设置光纤在压板中的位置，一般将对接的光纤的切割面基本靠近电极尖端位置。关上防风罩，按"RUN"键即可自动完成熔接。需要的时间一般根据使用的熔接机而不同，一般需要 8～10s，如图 3-3-22 所示。

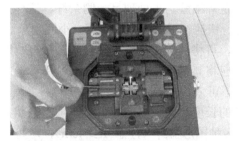
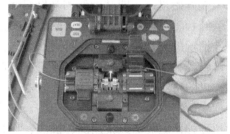
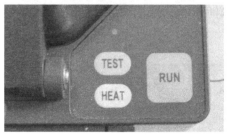

图 3-3-22　熔接

第六步：加热。

打开防风罩，把光纤从熔接机上取出，再将热缩管放在裸纤中间，放到加热炉中加热。加热器可使用 20mm 微型热缩套管和 40mm、60mm 的一般热缩套管，20mm 热缩管需 40s，60mm 热缩管需 85 秒，如图 3-3-23 所示。

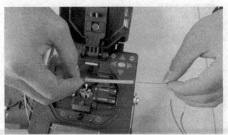

图 3-3-23　加热

第七步：盘纤。

盘纤是一门技术，也是一门艺术。科学的盘纤方法，可使光纤布局合理、附加损耗小、经得住时间和恶劣环境的考验，可避免挤压造成的断纤现象。

先中间后两边，即先将热缩后的套管逐个放置于固定槽中，再处理两侧余纤。这样做有利于保护光纤接点，避免盘纤可能造成的损害。在光纤预留盘空间小，光纤不易盘绕和固定时，常用此种方法。

以一端开始盘纤，即从一侧的光纤盘起，固定热缩管，再处理另一侧余纤。这样做可根据一侧余纤长度灵活选择效铜管安放位置，方便、快捷，可避免出现急弯、小圈现象。

特殊情况的处理，当个别光纤过长或过短时，可将其放在最后单独盘绕；带有特殊光器件时，可将其另盘处理。当与普通光纤共盘时，应将其轻置于普通光纤之上，两者之间加缓冲衬垫，以防挤压造成断纤，且特殊光器件尾纤不可太长。

根据实际情况，采用多种图形盘纤。按光纤的长度和预留盘空间大小，顺势自然盘绕，切勿生拉硬拽，应灵活地采用圆、椭圆、"CC"多种图形盘纤（注意 $R \geqslant 4\text{cm}$），尽可能最大限度地利用预留盘空间和有效降低因盘纤带来的附加损耗，如图 3-3-24 所示。

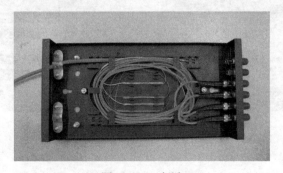

图 3-3-24　盘纤

小提示：熔接机使用后应及时去除熔接机中的灰尘，特别是夹具，各镜面和 V 形槽内的粉尘和光纤碎沫。

成果展示

垂直子系统最终效果如图 3-3-25 所示。

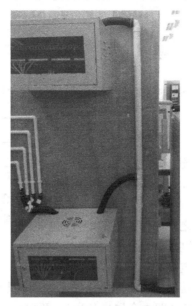

图 3-3-25　垂直子系统

任务四　搭建设备间子系统

任务目标

搭建"400"区域的设备间子系统。

任务实施

实施步骤省略（搭建设备间子系统的步骤请参考项目二单元三任务二）。

成果展示

设备间子系统最终效果如图 3-3-26 所示。

图 3-3-26　设备间子系统

任务五　建筑群子系统

任务目标

搭建建筑群子系统，将实训楼"400 数据中心"与学校"网络中心"通过光缆连接起来。

知识准备

建筑群子系统由连接多个建筑物之间的主干电缆和光缆、建筑群配线设备（CD）、设备缆线和跳线组成，如图 3-3-27 所示。

建筑群子系统提供了楼群之间通信所需的硬件，包括电缆、光缆以及防止电缆上的脉冲电压进入建筑物的电气保护设备。它常用大对数电缆和室外光缆作为传输线缆。

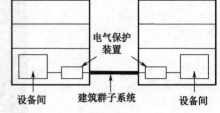

图 3-3-27　建筑群子系统

室外光缆熔接与室内光缆熔接的步骤和方法基本相同，只不过室外光纤的抗拉强度较大，保护层较厚重，并且通常为铠装（即由金属皮包裹），两根平行钢丝保证光缆的抗拉强度，因此光缆外护套较难剥离。

任务实施

第一步：打开线缆。

将光缆放到接续盒内，使用专用开剥工具，将光缆外铠甲护套开剥长度 80mm 左右（在开剥光缆之前应去除施工时受损变形的部分），如图 3-3-28 所示。

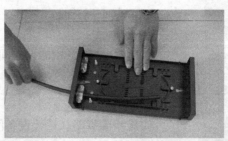

图 3-3-28　剥离光纤铠甲

第二步：分离出光纤。

剥离光缆外铠甲护套，在离剥口处约 8CM 处剪断钢丝，并用钢丝将光纤固定在螺丝上。用专用剥线钳将内部白色套管剥离，用纸巾将覆盖在纤芯上的油脂擦拭干净，将不同颜色的纤芯分开，穿过热缩管，剥去套管的光纤很脆弱，使用热缩管，可以保护光纤熔接头，如图 3-3-29 所示。

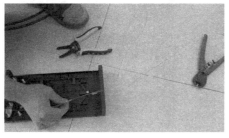

图 3-3-29　擦拭光纤

第三步：切割光纤。

用光纤熔接机配置的光纤专用剥线钳剥去光纤纤芯上的涂敷层，再用沾酒精的清洁棉在裸纤上擦拭几次，用力要适度，如图 3-3-30 所示。然后用精密光纤切割刀切割光纤，切割长度一般为 15mm～20mm，如图 3-3-31 所示。依次将要熔接的光纤切割好。

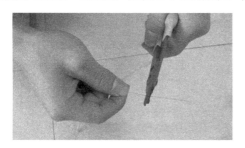
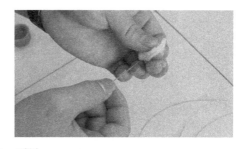

图 3-3-30　剥纤

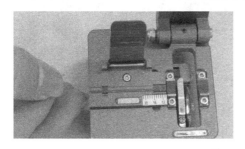
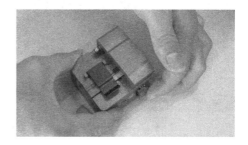

图 3-3-31　切割

第四步：熔接。

打开熔接机电源，设置光纤熔接模式，将切割好的光纤分别放在熔接机左右两边的 V 形槽中，小心压上光纤压板和光纤夹具，要根据光纤切割长度设置光纤在压板中的位置，一般将对接的光纤的切割面基本上都靠近电极尖端位置。关上防风罩，按 "RUN" 键即可自动完成熔接。需要的时间一般根据使用的熔接机而不同，一般需要 8～10s，如图 3-3-32 所示。

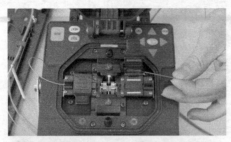
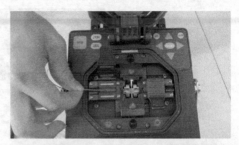
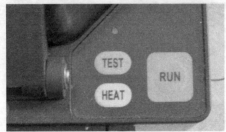

图 3-3-32　熔接

第五步：加热。

打开防风罩，把光纤从熔接机上取出，再将热缩管放在裸纤中间，放到加热炉中加热。加热器可使用 20mm 微型热缩套管和 40mm、60mm 的一般热缩套管，20mm 热缩管需 40s，60mm 热缩管需 85s，如图 3-3-33 所示。

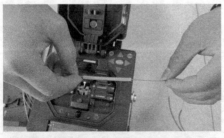

图 3-3-33　加热

第六步：盘纤。

此步骤省略（相关知识请参照项目三单元三任务三）。

 成果展示

建筑群子系统最终效果如图 3-3-34 所示。

图 3-3-34　建筑群子系统

 **搭建 DNS 服务器**

 任务目标

实现通过 www.yzx.com 的域名访问学校网站，ftp.yzx.com 的域名访问 FTP 服务，同时提供外网的域名访问服务。具体要求如下。

（1）搭建 DNS 服务器，完成 www.yzx.com 的正、反向解析。

（2）为 www.yzx.com 创建别名 ftp.yzx.com。

（3）配置 DNS 转发器，指向电信的 DNS 服务器 202.103.224.68。

知识准备

1．DNS

DNS（Domain Name System，域名系统）是 Internet 上作为域名和 IP 地址相互映射的一个分布式数据库，能够使用户更方便地访问互联网，而不用去记住能够被机器直接读取的 IP 地址。通过主机名，最终得到该主机名对应的 IP 地址的过程叫做域名解析（或主机名解析）。DNS 协议运行在 UDP 协议之上，使用端口 53。

2. 正向解析

正向解析是将域名映射为 IP 地址。

3. 反向解析

反向解析是将 IP 地址映射为域名。

4. DNS 转发器

DNS 转发器是当 DNS 服务器无法解析客户端所需的数据时，转向网络中其他的 DNS 服务器进行查询的仪器。

任务实施

第一步：安装 DNS 服务器。

在 Windows Server 2008 R2 操作系统中添加服务器角色，如图 3-3-35 所示，单击"下一步"按钮直到安装完成。注意，要将该服务器设置为固定的 IP 地址。

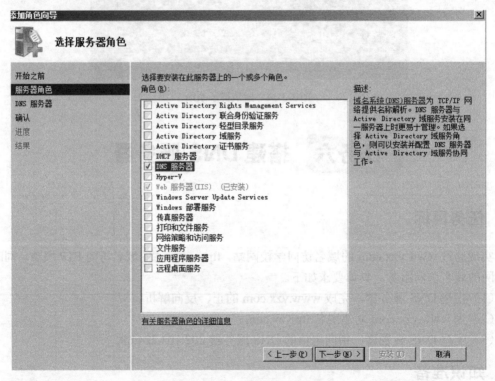

图 3-3-35 添加 DNS 服务

第二步：创建正向查找区域。

选择"开始"→"管理工具"→"DNS"选项，进入"DNS 管理器"界面，右击"正向查找区域"节点，在弹出的快捷菜单中选择"新建区域"选项，弹出"新建区域向导"对话框。选中"主要区域"单选按钮，单击"下一步"按钮，如图 3-3-36 所示。

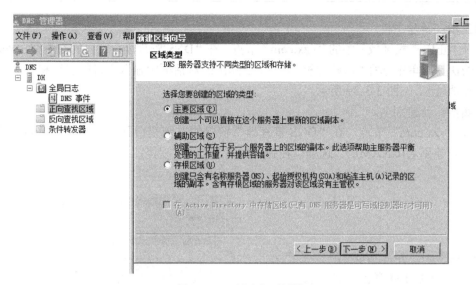

图 3-3-36　新建主要区域

在"区域名称"处输入需要的域名，这里输入"yzx.com"，如图 3-3-37 所示。

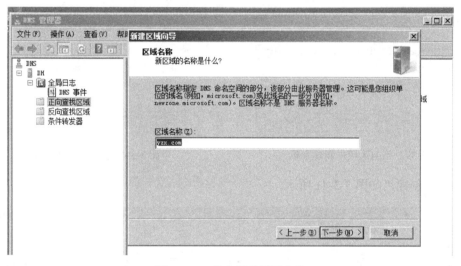

图 3-3-37　输入新建区域名称

连续单击"下一步"按钮，直到完成 DNS 的配置，如图 3-3-38 所示。

图 3-3-38　完成正向新建区域的创建

第三步：新建主机。

打开"正向查找区域"中的"yzx.com"节点，在"DNS 管理器"窗口的右侧空白处右击，在弹出的快捷菜单中选择"新建主机"选项，在弹出的对话框中输入主机的名称和 IP 地址（网站的实际地址），如图 3-3-39 所示。

第四步：新建别名。

打开"yzx.com"节点，在"DNS 管理器"窗口的右侧空白处右击，在弹出的快捷菜单中选择"新建别名(CNAME)"选项，在弹出的对话框中"别名"处输入"ftp"，如图 3-3-40 所示。

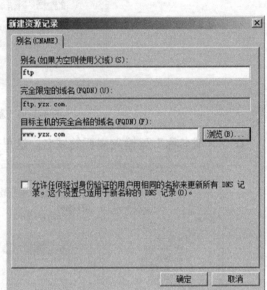

图 3-3-39　正向区域中新建主机　　　　图 3-3-40　新建 DNS 别名

完成别名创建后如图 3-3-41 所示。

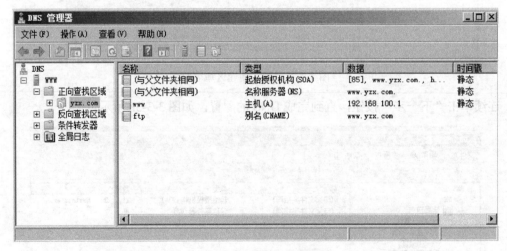

图 3-3-41　完成别名的创建

第五步：创建反向查找区域。

在"反向查找区域"节点处右击，在弹出的快捷菜单中选择"新建区域"选项，如图 3-3-42

所示，弹出"新建区域向导"对话框。

选中"区域类型"对话框中的"主要区域"单选按钮，单击"下一步"按钮，如图 3-3-43 所示。

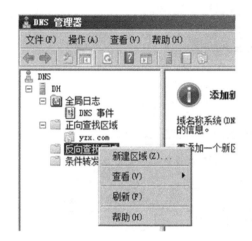

图 3-3-42 新建区域

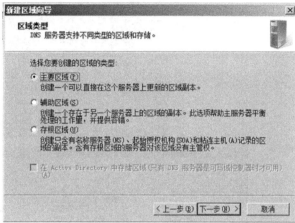

图 3-3-43 选择主要区域

选中"IPv4 反向查找区域"单选按钮，单击"下一步"按钮，如图 3-3-44 所示。

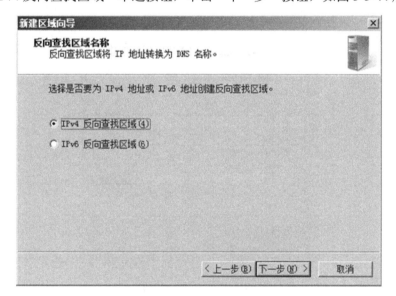

图 3-3-44 选择 IPv4 反向查找区域

输入反向查找的网络 ID，单击"下一步"按钮，直到完成反向查找区域的创建，如图 3-3-45 所示。

第六步：创建反向指针。

选中"100.162.192 in…"在"DNS 管理器"窗口的右侧空白处右击，在弹出的快捷菜单中选择"新建指针"选项，在弹出的对话框中输入主机的名称和 IP 地址，单击"确定"按钮，如图 3-3-46 所示。

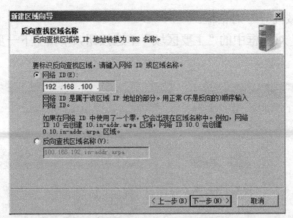

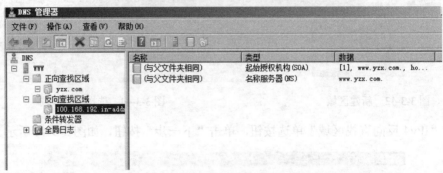

图 3-3-45　完成反向查找区域的创建

图 3-3-46　新建指针

以相同的方式创建 ftp.yzx.com 的反向指针，如图 3-3-47 所示。

第七步：配置 DNS 转发器。

在 DNS 管理器中，右击服务器名，在弹出的快捷菜单中选择"属性"选项；在弹出的对话框中选择"转发器"选项卡，单击"编辑"按钮，在弹出的对话框中输入转发的地址"202.103.224.68"，如图 3-3-48 所示。

等验证完毕之后，单击"确定"按钮，完成转发器的设置，如图 3-3-49 所示。

图 3-3-47　完成指针的创建

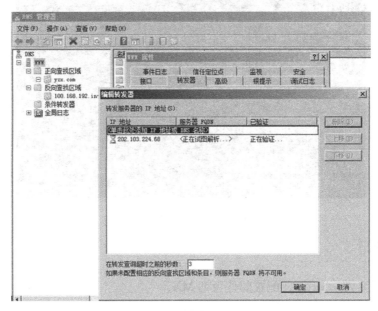

图 3-3-48　配置转发的 IP 地址

图 3-3-49　完成转发器的配置

成果展示

完成 DNS 服务器搭建及配置后，可以通过 nslookup 命令检查 DNS 是否正常工作。在命令提示符中输入"nslookup"后按回车键，输入域名后按回车键，检查正向解析结果；输入 IP 地址后按回车键，检查反向解析结果，如图 3-3-50 所示。

图 3-3-50　查看 DNS 服务器结果

拓展练习

设置服务器名为 yzx.com，配置邮件查询 MX。

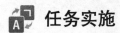 **任务七** **搭建 Windows 域环境**

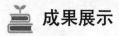 任务目标

在校园内搭建域控制器，域名为 yzx.com。

任务实施

实施步骤省略。

成果展示

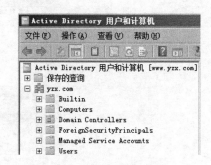

完成域的搭建后，结果如图 3-3-51 所示。　　　　　　　图 3-3-51　域环境

任务八 搭建 Web 服务器

任务目标

为校园搭建 Web 服务器，让学生能够访问学校站点。要求如下所示。

（1）模拟编辑学校站点：使用记事本编辑 HTML 文件（模拟学校站点），内容为"柳州市第一职业技术学校欢迎您！"。

（2）搭建 Web 服务器，将该站点发布出来，结合 DNS 服务器，在浏览器中输入服务器的 IP 地址，能够访问学校站点。

知识准备

Web（World Wide Web，万维网）服务器的主要功能是提供网上信息浏览服务。常用的 Web 服务器有 Apache 和 Microsoft 的 Internet 信息服务器（IIS）。Wcb 服务器默认使用 TCP 协议的 80 端口。

任务实施

第一步：创建 HTML 文件。

在 C 盘的根目录下创建一个名为"学校站点"的文件夹，在文件夹中再创建一个文本文件，在文本文件中进行 HTML 的编辑（HTML 可上网查找资料学习），编写完毕之后，将文本文件另存为 yzx 文件夹中的"index.html"文本文件，如图 3-3-52 所示。

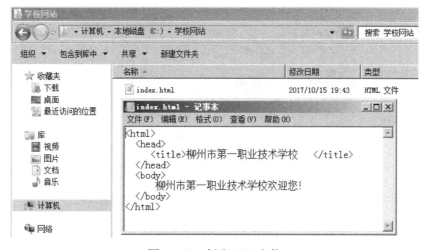

图 3-3-52 创建 HTML 文件

第二步：安装 Web 服务。

在 Windows Server 2008 服务器中安装 Web 服务，然后单击"下一步"按钮直到安装完成，如图 3-3-53 所示。

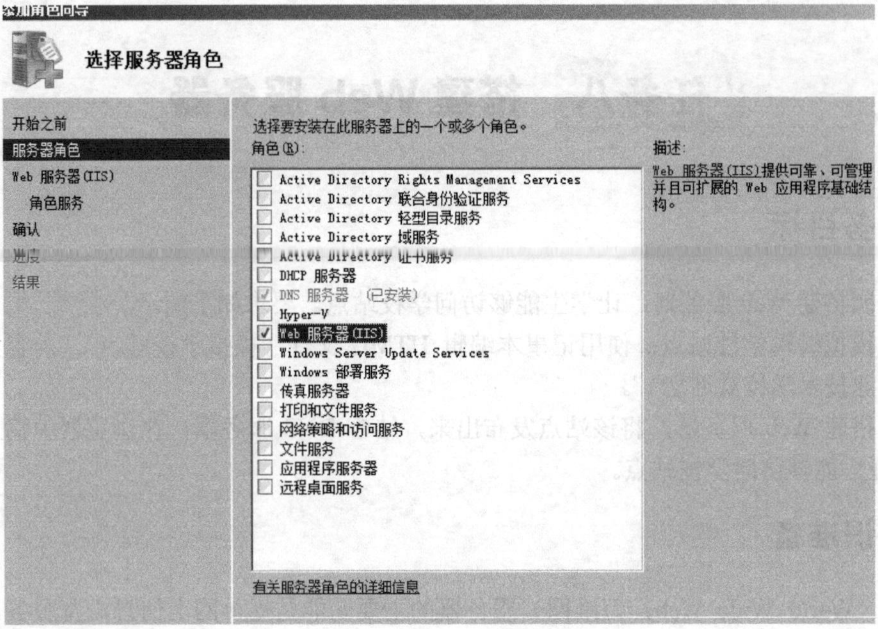

图 3-3-53　安装 Web 服务器

第三步：创建站点。

打开 Internet 信息服务管理器窗口，停止"默认站点"服务，右击"网站"选项，在弹出的快捷菜单中选择"添加站点"选项，在弹出的对话框中进行网站设置，注意物理路径为之前创建 HTML 文件的路径，如图 3-3-54 所示。

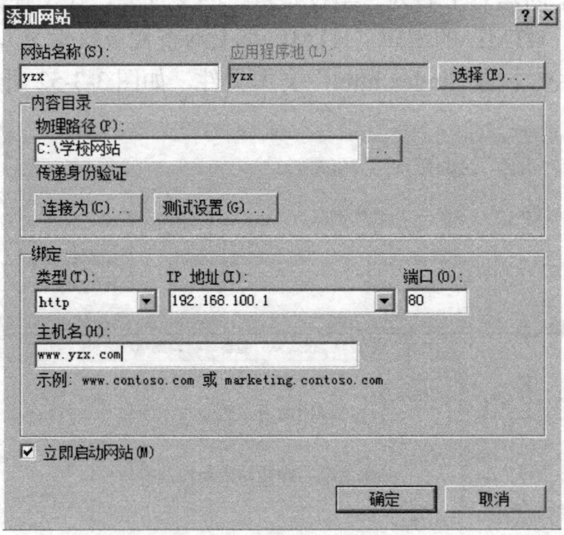

图 3-3-54　添加新站点

第四步：添加默认文档。

"默认文档"中存放需要发布的站点文件，一般是网站首页文件。打开"网站"下的 Web 节点，找到"默认文档"并双击打开，如图 3-3-55 所示。本任务站点文件名为 index.html，已经存在，无须添加，若不存在则需添加文件名及扩展名。

图 3-3-55 添加默认文档

成果展示

结合之前搭建的 DNS 服务器，可以通过"www.yzx.com"域名打开学校站点。注意，访问计算机的 DNS 必须指向服务器，如图 3-3-56 所示。

图 3-3-56 通过域名访问站点

拓展练习

创建站点 1 和站点 2 两个站点，同时发布对外访问，思考可以使用什么方法实现。

任务九 搭建基于域隔离的 FTP 服务器

任务目标

为教师、学生、学校网站提供文件上传、下载服务，部门之间无法访问他人的 FTP 文件夹。

搭建基于域隔离的 FTP 服务器，使各部门用户只能通过自己的账户和密码，访问自己的文件夹。部门对应文件夹、文件夹权限如表 3-3-2 所示。

表 3-3-2　文件夹权限对照表

部 门	账 户	文 件 目 录	用 户 权 限
教师	teacher1	H:\teacher	上传、下载文件文件夹
学生	student1	H:\student	上传、下载文件文件夹
学校网站	web	H:\web	上传、下载文件文件夹

知识准备

隔离用户的 FTP 是将用户限制在自己的目录中，来防止用户查看或覆盖其他用户目录中的文件内容。隔离用户的 FTP 可以分为本地隔离用户 FTP 和域隔离用户 FTP 两种。

任务实施

第一步：安装 FTP 服务器。

在"服务器管理器"窗口单击"添加角色"按钮，在弹出的对话框中勾选 "Web 服务器 (IIS)"复选框，如图 3-3-57 所示。

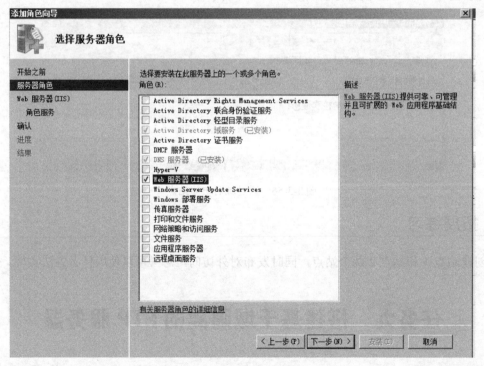

图 3-3-57　选择安装 Web 服务器

单击"下一步"按钮，在服务器"角色服务"选项卡中勾选"FTP 服务器"复选框，如图 3-3-58 所示。单击"下一步"按钮，直到服务器角色安装完成。

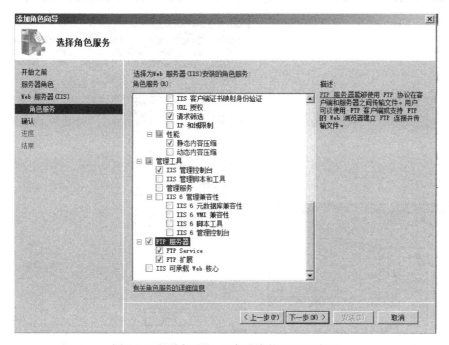

图 3-3-58　选择 Web 服务器中的 FTP 服务器

第二步：创建 FTP 用户。

在 Windows Server 2008 的 "Active Directory 用户和计算机" 窗口中创建名为 "FTP" 的组织单位，根据题目需求创建用户，如图 3-3-59 所示。

图 3-3-59　创建组织单位和用户

第三步：设置用户目录。

单击菜单栏中的 "查看" 按钮，勾选 "高级功能" 复选框；右击，选择快捷菜单中的 "属性" 选项，在弹出的 "student1 属性" 对话框中选择 "属性编辑器" 选项卡，修改 "msIIS-FTPDir" 和 "msIIS-FTPRoot" 的内容，如图 3-3-60 所示。

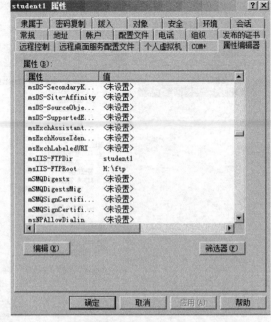

图 3-3-60　设置用户属性编辑器

第四步：添加 FTP 站点。

打开"Internet 信息服务（IIS）管理器"窗口，停止默认 FTP 站点服务。右击默认站点，选择"添加 FTP 站点"选项，如图 3-3-61 所示。

设置 FTP 站点信息，如图 3-3-62 所示。

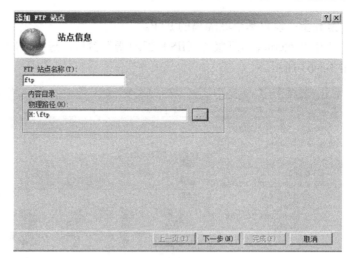

图 3-3-61 "添加 FTP 站点"对话框

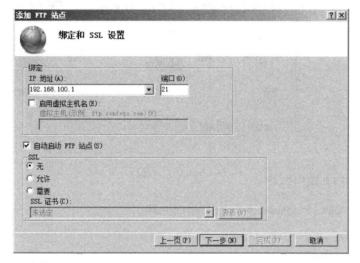

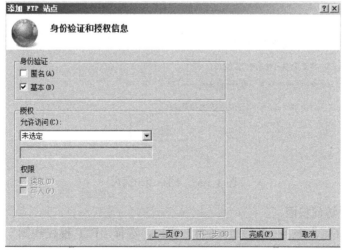

图 3-3-62 设置 FTP 站点信息

第五步：设置基于域隔离的 FTP。

打开"Internet 信息服务（IIS）管理器"窗口，选择"FTP 用户隔离"选项，设置路径，如图 3-3-63 所示。

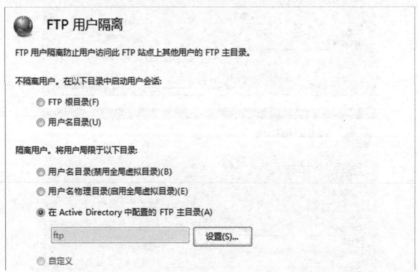

图 3-3-63　FTP 用户隔离

第六步：设置访问权限

打开"Internet 信息服务（IIS）管理器"窗口，选择"FTP 授权规则"选项，设置权限，如图 3-3-64 所示。

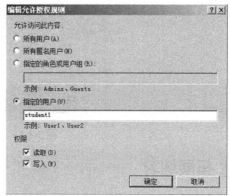

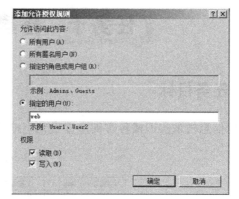

图 3-3-64　设置 FTP 访问权限规则

成果展示

以 student1 用户为例进行测试，结果如图 3-3-65 所示。

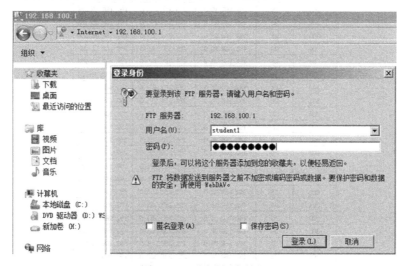

图 3-3-65　测试用户结果

图 3-3-65　测试用户结果（续）

拓展练习

使用本地隔离用户的 FTP，实现：公共区文件夹域匿名用户可以访问，业务部和市场部文件夹只能够提供给自己部门的人访问。

任务十　搭建 DHCP 服务器

任务目标

为信息技术实训楼各实训室提供动态地址分配方案，IP 地址分配如表 3-3-3 所示。

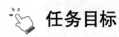

表 3-3-3　IP 地址分配表

实训室名称	VLAN ID	IP地址	子网掩码	网关
101	11	192.168.11.0	255.255.255.0	192.168.11.254
102	12	192.168.12.0	255.255.255.0	192.168.12.254
103	13	192.168.13.0	255.255.255.0	192.168.13.254
104	14	192.168.14.0	255.255.255.0	192.168.14.254
105	15	192.168.15.0	255.255.255.0	192.168.15.254
200	16	192.168.16.0	255.255.255.0	192.168.16.254
201	17	192.168.17.0	255.255.255.0	192.168.17.254
202	18	192.168.18.0	255.255.255.0	192.168.18.254
203	19	192.168.19.0	255.255.255.0	192.168.19.254
204	20	192.168.20.0	255.255.255.0	192.168.20.254
205	21	192.168.21.0	255.255.255.0	192.168.21.254
300	22	192.168.22.0	255.255.255.0	192.168.22.254
301	23	192.168.23.0	255.255.255.0	192.168.23.254
302	24	192.168.24.0	255.255.255.0	192.168.24.254
303	25	192.168.25.0	255.255.255.0	192.168.25.254
304	26	192.168.26.0	255.255.255.0	192.168.26.254
305	27	192.168.27.0	255.255.255.0	192.168.27.254
400	28	192.168.28.0	255.255.255.0	192.168.28.254
401	29	192.168.29.0	255.255.255.0	192.168.29.254
402	30	192.168.30.0	255.255.255.0	192.168.30.254
403	31	192.168.31.0	255.255.255.0	192.168.31.254
404	32	192.168.32.0	255.255.255.0	192.168.32.254
405	33	192.168.33.0	255.255.255.0	192.168.33.254
501	34	192.168.34.0	255.255.255.0	192.168.34.254
502	35	192.168.35.0	255.255.255.0	192.168.35.254
503	36	192.168.36.0	255.255.255.0	192.168.36.254
504	37	192.168.37.0	255.255.255.0	192.168.37.254
505	38	192.168.38.0	255.255.255.0	192.168.38.254
制表	张三	日期	2016年9月16日	

任务实施

实施步骤省略。

 成果展示

DHCP 服务器配置结果如图 3-3-66 所示。

图 3-3-66 DHCP 服务器配置结果

 **配置 VLAN、Trunk、SVI、DHCP 中继**

 任务目标

如图 3-3-67 所示，在信息技术实训楼和学校的网络设备中完成设备命名、VLAN、Trunk、SVI、DHCP 中继的配置。

 任务实施

实施步骤省略。

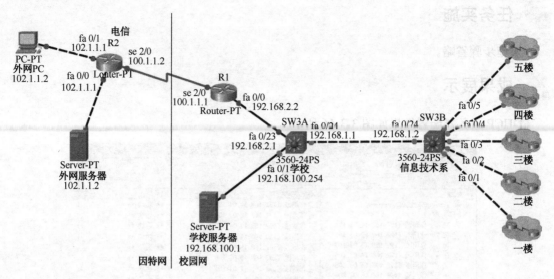

图 3-3-67　网络拓扑结构图

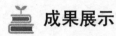 成果展示

使用 show running-config 命令可查看配置命令，此处省略。

 任务十二　配置静态路由

任务目标

如图 3-3-67 所示，使用静态路由技术，实现信息技术实训楼与校园网络的互通。

知识准备

1. 什么是路由

路由器提供了在异构网络中的互连机制，实现将数据包从一个网络发送到另一个网络。路由就是指导 IP 数据包发送的路径信息。

2. 路由表

路由表是指路由设备上存储的一张路由信息表，表中存有到达特定网段的路径。如果目标网段在路由表中，则能够到达该网段，反之则无法到达该网段。根据生产路由表方法的不同，可分为直连路由、静态路由和动态路由。

查看路由表的命令如下：

```
Router#   show ip route    //查看路由表命令
```

3. 静态路由

静态路由是指由用户或者网络管理员用手工的方式将目标网段的路由信息配置到路由表中。其配置命令如下：

```
Router (config)# ip route 目的网段  子网掩码  下一跳 IP 地址/本地端口名称
                                              //将目标网段添加到路由表中
```

4. 缺省路由

缺省路由又称默认路由，是一种特殊的静态路由，目的地址与掩码配置为全零（0.0.0.0 0.0.0.0）。当路由表中的所有路由都选择失败的时候，为使得报文有最终的发送地，将使用缺省路由。在所有路由类型中，缺省路由的优先级最低。其配置命令如下：

```
Router (config)# ip route 0.0.0.0 0.0.0.0  下一跳 IP 地址/本地端口名称
                                              //将缺省路由添加到路由表中
```

任务实施

（1）配置信息技术三层交换机 SW3B，命令如下。

```
SW3B (config)# ip route 192.168.100.0 255.255.255.0 192.168.1.1
SW3B (config)# ip route 192.168.2.0 255.255.255.0 192.168.1.1
SW3B (config)# ip route 0.0.0.0 0.0.0.0 192.168.1.1
```

（2）配置学校三层交换机 SW3A，命令如下。

```
SW3A (config)# ip route 0.0.0.0 0.0.0.0 192.168.2.2
SW3A (config)# ip route 192.168.11.0 255.255.255.0 192.168.1.2
SW3A (config)# ip route 192.168.12.0 255.255.255.0 192.168.1.2
SW3A (config)# ip route 192.168.13.0 255.255.255.0 192.168.1.2
SW3A (config)# ip route 192.168.14.0 255.255.255.0 192.168.1.2
SW3A (config)# ip route 192.168.15.0 255.255.255.0 192.168.1.2
SW3A (config)# ip route 192.168.16.0 255.255.255.0 192.168.1.2
SW3A (config)# ip route 192.168.17.0 255.255.255.0 192.168.1.2
SW3A (config)# ip route 192.168.18.0 255.255.255.0 192.168.1.2
SW3A (config)# ip route 192.168.19.0 255.255.255.0 192.168.1.2
SW3A (config)# ip route 192.168.20.0 255.255.255.0 192.168.1.2
SW3A (config)# ip route 192.168.21.0 255.255.255.0 192.168.1.2
SW3A (config)# ip route 192.168.22.0 255.255.255.0 192.168.1.2
SW3A (config)# ip route 192.168.23.0 255.255.255.0 192.168.1.2
SW3A (config)# ip route 192.168.24.0 255.255.255.0 192.168.1.2
SW3A (config)# ip route 192.168.25.0 255.255.255.0 192.168.1.2
SW3A (config)# ip route 192.168.26.0 255.255.255.0 192.168.1.2
SW3A (config)# ip route 192.168.27.0 255.255.255.0 192.168.1.2
SW3A (config)# ip route 192.168.28.0 255.255.255.0 192.168.1.2
SW3A (config)# ip route 192.168.29.0 255.255.255.0 192.168.1.2
SW3A (config)# ip route 192.168.30.0 255.255.255.0 192.168.1.2
SW3A (config)# ip route 192.168.31.0 255.255.255.0 192.168.1.2
SW3A (config)# ip route 192.168.32.0 255.255.255.0 192.168.1.2
```

```
SW3A (config)# ip route 192.168.33.0 255.255.255.0 192.168.1.2
SW3A (config)# ip route 192.168.34.0 255.255.255.0 192.168.1.2
SW3A (config)# ip route 192.168.35.0 255.255.255.0 192.168.1.2
SW3A (config)# ip route 192.168.36.0 255.255.255.0 192.168.1.2
SW3A (config)# ip route 192.168.37.0 255.255.255.0 192.168.1.2
SW3A (config)# ip route 192.168.38.0 255.255.255.0 192.168.1.2
```

（3）配置学校路由器 R1，命令如下。

```
R1 (config)# ip route 0.0.0.0 0.0.0.0 100.1.1.2
R1 (config)# ip route 192.168.100.0 255.255.255.0 192.168.2.1
R1 (config)# ip route 192.168.1.0 255.255.255.0 192.168.2.1
R1 (config)# ip route 192.168.11.0 255.255.255.0 192.168.2.1
R1 (config)# ip route 192.168.12.0 255.255.255.0 192.168.2.1
R1 (config)# ip route 192.168.13.0 255.255.255.0 192.168.2.1
R1 (config)# ip route 192.168.14.0 255.255.255.0 192.168.2.1
R1 (config)# ip route 192.168.15.0 255.255.255.0 192.168.2.1
R1 (config)# ip route 192.168.16.0 255.255.255.0 192.168.2.1
R1 (config)# ip route 192.168.17.0 255.255.255.0 192.168.2.1
R1 (config)# ip route 192.168.18.0 255.255.255.0 192.168.2.1
R1 (config)# ip route 192.168.19.0 255.255.255.0 192.168.2.1
R1 (config)# ip route 192.168.20.0 255.255.255.0 192.168.2.1
R1 (config)# ip route 192.168.21.0 255.255.255.0 192.168.2.1
R1 (config)# ip route 192.168.22.0 255.255.255.0 192.168.2.1
R1 (config)# ip route 192.168.23.0 255.255.255.0 192.168.2.1
R1 (config)# ip route 192.168.24.0 255.255.255.0 192.168.2.1
R1 (config)# ip route 192.168.25.0 255.255.255.0 192.168.2.1
R1 (config)# ip route 192.168.26.0 255.255.255.0 192.168.2.1
R1 (config)# ip route 192.168.27.0 255.255.255.0 192.168.2.1
R1 (config)# ip route 192.168.28.0 255.255.255.0 192.168.2.1
R1 (config)# ip route 192.168.29.0 255.255.255.0 192.168.2.1
R1 (config)# ip route 192.168.30.0 255.255.255.0 192.168.2.1
R1 (config)# ip route 192.168.31.0 255.255.255.0 192.168.2.1
R1 (config)# ip route 192.168.32.0 255.255.255.0 192.168.2.1
R1 (config)# ip route 192.168.33.0 255.255.255.0 192.168.2.1
R1 (config)# ip route 192.168.34.0 255.255.255.0 192.168.2.1
R1 (config)# ip route 192.168.35.0 255.255.255.0 192.168.2.1
R1 (config)# ip route 192.168.36.0 255.255.255.0 192.168.2.1
R1 (config)# ip route 192.168.37.0 255.255.255.0 192.168.2.1
R1 (config)# ip route 192.168.38.0 255.255.255.0 192.168.2.1
```

🌱 成果展示

（1）查看 SW3A 路由表，表内容如下所示。

```
C    192.168.1.0/24 is directly connected, FastEthernet0/24
C    192.168.2.0/24 is directly connected, FastEthernet0/23
S    192.168.11.0/24 [1/0] via 192.168.1.2
S    192.168.12.0/24 [1/0] via 192.168.1.2
S    192.168.13.0/24 [1/0] via 192.168.1.2
S    192.168.14.0/24 [1/0] via 192.168.1.2
S    192.168.15.0/24 [1/0] via 192.168.1.2
S    192.168.16.0/24 [1/0] via 192.168.1.2
S    192.168.17.0/24 [1/0] via 192.168.1.2
S    192.168.18.0/24 [1/0] via 192.168.1.2
S    192.168.19.0/24 [1/0] via 192.168.1.2
S    192.168.20.0/24 [1/0] via 192.168.1.2
S    192.168.21.0/24 [1/0] via 192.168.1.2
S    192.168.22.0/24 [1/0] via 192.168.1.2
S    192.168.23.0/24 [1/0] via 192.168.1.2
S    192.168.24.0/24 [1/0] via 192.168.1.2
S    192.168.25.0/24 [1/0] via 192.168.1.2
S    192.168.26.0/24 [1/0] via 192.168.1.2
S    192.168.27.0/24 [1/0] via 192.168.1.2
S    192.168.28.0/24 [1/0] via 192.168.1.2
S    192.168.29.0/24 [1/0] via 192.168.1.2
S    192.168.30.0/24 [1/0] via 192.168.1.2
S    192.168.31.0/24 [1/0] via 192.168.1.2
S    192.168.32.0/24 [1/0] via 192.168.1.2
S    192.168.33.0/24 [1/0] via 192.168.1.2
S    192.168.34.0/24 [1/0] via 192.168.1.2
S    192.168.35.0/24 [1/0] via 192.168.1.2
S    192.168.36.0/24 [1/0] via 192.168.1.2
S    192.168.37.0/24 [1/0] via 192.168.1.2
S    192.168.38.0/24 [1/0] via 192.168.1.2
C    192.168.100.0/24 is directly connected, FastEthernet0/1
S*   0.0.0.0/0 [1/0] via 192.168.2.2
```

（2）查看 SW3B 路由表，其内容如下所示。

```
C    192.168.1.0/24 is directly connected, FastEthernet0/24
S    192.168.2.0/24 [1/0] via 192.168.1.1
C    192.168.11.0/24 is directly connected, Vlan11
C    192.168.12.0/24 is directly connected, Vlan12
C    192.168.13.0/24 is directly connected, Vlan13
C    192.168.14.0/24 is directly connected, Vlan14
C    192.168.15.0/24 is directly connected, Vlan15
C    192.168.16.0/24 is directly connected, Vlan16
C    192.168.17.0/24 is directly connected, Vlan17
C    192.168.18.0/24 is directly connected, Vlan18
C    192.168.19.0/24 is directly connected, Vlan19
```

```
C    192.168.20.0/24 is directly connected, Vlan20
C    192.168.21.0/24 is directly connected, Vlan21
C    192.168.22.0/24 is directly connected, Vlan22
C    192.168.23.0/24 is directly connected, Vlan23
C    192.168.24.0/24 is directly connected, Vlan24
C    192.168.25.0/24 is directly connected, Vlan25
C    192.168.26.0/24 is directly connected, Vlan26
C    192.168.27.0/24 is directly connected, Vlan27
C    192.168.28.0/24 is directly connected, Vlan28
C    192.168.29.0/24 is directly connected, Vlan29
C    192.168.30.0/24 is directly connected, Vlan30
C    192.168.31.0/24 is directly connected, Vlan31
C    192.168.32.0/24 is directly connected, Vlan32
C    192.168.33.0/24 is directly connected, Vlan33
C    192.168.34.0/24 is directly connected, Vlan34
C    192.168.35.0/24 is directly connected, Vlan35
C    192.168.36.0/24 is directly connected, Vlan36
C    192.168.37.0/24 is directly connected, Vlan37
C    192.168.38.0/24 is directly connected, Vlan38
S    192.168.100.0/24 [1/0] via 192.168.1.1
S*   0.0.0.0/0 [1/0] via 192.168.1.1
```

（3）查看 R1 路由表，其内容如下所示。

```
     100.0.0.0/24 is subnetted, 1 subnets
C        100.1.1.0 is directly connected, Serial2/0
S    192.168.1.0/24 [1/0] via 192.168.2.1
C    192.168.2.0/24 is directly connected, FastEthernet0/0
S    192.168.11.0/24 [1/0] via 192.168.2.1
S    192.168.12.0/24 [1/0] via 192.168.2.1
S    192.168.13.0/24 [1/0] via 192.168.2.1
S    192.168.14.0/24 [1/0] via 192.168.2.1
S    192.168.15.0/24 [1/0] via 192.168.2.1
S    192.168.16.0/24 [1/0] via 192.168.2.1
S    192.168.17.0/24 [1/0] via 192.168.2.1
S    192.168.18.0/24 [1/0] via 192.168.2.1
S    192.168.19.0/24 [1/0] via 192.168.2.1
S    192.168.20.0/24 [1/0] via 192.168.2.1
S    192.168.21.0/24 [1/0] via 192.168.2.1
S    192.168.22.0/24 [1/0] via 192.168.2.1
S    192.168.23.0/24 [1/0] via 192.168.2.1
S    192.168.24.0/24 [1/0] via 192.168.2.1
S    192.168.25.0/24 [1/0] via 192.168.2.1
S    192.168.26.0/24 [1/0] via 192.168.2.1
S    192.168.27.0/24 [1/0] via 192.168.2.1
S    192.168.28.0/24 [1/0] via 192.168.2.1
S    192.168.29.0/24 [1/0] via 192.168.2.1
S    192.168.30.0/24 [1/0] via 192.168.2.1
S    192.168.31.0/24 [1/0] via 192.168.2.1
S    192.168.32.0/24 [1/0] via 192.168.2.1
S    192.168.33.0/24 [1/0] via 192.168.2.1
S    192.168.34.0/24 [1/0] via 192.168.2.1
S    192.168.35.0/24 [1/0] via 192.168.2.1
S    192.168.36.0/24 [1/0] via 192.168.2.1
S    192.168.37.0/24 [1/0] via 192.168.2.1
S    192.168.38.0/24 [1/0] via 192.168.2.1
S    192.168.100.0/24 [1/0] via 192.168.2.1
S*   0.0.0.0/0 [1/0] via 100.1.1.2
```

其中，C 开头表示直连路由，S 开头表示静态路由，S*开头表示缺省路由。

拓展练习

配置静态路由实现全网互通，PC 之间能够相互访问。

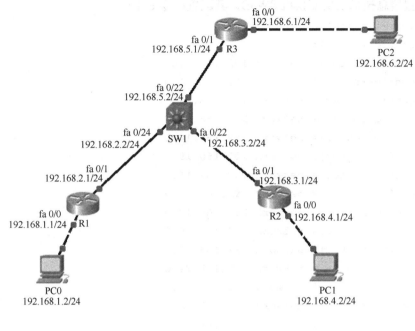

任务十三 配置 RIP 动态路由

任务目标

如图 3-3-67 所示，使用 RIP 动态路由技术，实现信息技术实训楼与校园网络的互通。

知识准备

1.动态路由

动态路由指路由器能够根据路由器之间交换的特定路由信息自动地建立自己的路由表，并且能够根据链路和节点的变化适时地进行自动调整。

2. RIP 路由

RIP（Routing Information Protocol，路由信息协议）是基于距离矢量算法的路由协议，利用跳数来作为计量标准。其最大条数为 15 跳，因此 RIP 只能应用于小规模网络。

RIP 的配置命令如下：

```
Router (config)# router rip           //开启 RIP 路由协议进程
Router (config-router)# network 直连网段   //宣告直连网段信息
```

```
Router (config-router)# version 1/ 2        //指定 RIP 的版本 1 或 2，默认是 1
Router (config-router)# no auto-summary     //关闭路由自动汇总
```

任务实施

（1）配置信息技术三层交换机 SW3B，其配置命令如下。

```
SW3B (config)# router rip
SW3B (config-router)# version 2
SW3B (config-router)# network 192.168.1.0
SW3B (config-router)# network 192.168.11.0
SW3B (config-router)# network 192.168.12.0
SW3B (config-router)# network 192.168.13.0
SW3B (config-router)# network 192.168.14.0
SW3B (config-router)# network 192.168.15.0
SW3B (config-router)# network 192.168.16.0
SW3B (config-router)# network 192.168.17.0
SW3B (config-router)# network 192.168.18.0
SW3B (config-router)# network 192.168.19.0
SW3B (config-router)# network 192.168.20.0
SW3B (config-router)# network 192.168.21.0
SW3B (config-router)# network 192.168.22.0
SW3B (config-router)# network 192.168.23.0
SW3B (config-router)# network 192.168.24.0
SW3B (config-router)# network 192.168.25.0
SW3B (config-router)# network 192.168.26.0
SW3B (config-router)# network 192.168.27.0
SW3B (config-router)# network 192.168.28.0
SW3B (config-router)# network 192.168.29.0
SW3B (config-router)# network 192.168.30.0
SW3B (config-router)# network 192.168.31.0
SW3B (config-router)# network 192.168.32.0
SW3B (config-router)# network 192.168.33.0
SW3B (config-router)# network 192.168.34.0
SW3B (config-router)# network 192.168.35.0
SW3B (config-router)# network 192.168.36.0
SW3B (config-router)# network 192.168.37.0
SW3B (config-router)# network 192.168.38.0
SW3B (config-router)# no auto-summary
```

（2）配置学校三层交换机 SW3A，其配置命令如下。

```
SW3A (config)# router rip
SW3A (config-router)# version 2
SW3A (config-router)# network 192.168.1.0
SW3A (config-router)# network 192.168.2.0
SW3A (config-router)# network 192.168.100.0
```

```
SW3A (config-router)# no auto-summary
```

（3）配置学校路由器 R1，其配置命令如下。

```
R1 (config)# router rip
R1 (config-router)# version 2
R1 (config-router)# network 192.168.2.0
R1 (config-router)# no auto-summary
```

成果展示

（1）查看 SW3A 路由表，其内容如下所示。

```
C   192.168.1.0/24 is directly connected, FastEthernet0/24
C   192.168.2.0/24 is directly connected, FastEthernet0/23
R   192.168.11.0/24 [120/1] via 192.168.1.2, 00:00:24, FastEthernet0/24
R   192.168.12.0/24 [120/1] via 192.168.1.2, 00:00:24, FastEthernet0/24
R   192.168.13.0/24 [120/1] via 192.168.1.2, 00:00:24, FastEthernet0/24
R   192.168.14.0/24 [120/1] via 192.168.1.2, 00:00:24, FastEthernet0/24
R   192.168.15.0/24 [120/1] via 192.168.1.2, 00:00:24, FastEthernet0/24
R   192.168.16.0/24 [120/1] via 192.168.1.2, 00:00:24, FastEthernet0/24
R   192.168.17.0/24 [120/1] via 192.168.1.2, 00:00:24, FastEthernet0/24
R   192.168.18.0/24 [120/1] via 192.168.1.2, 00:00:24, FastEthernet0/24
R   192.168.19.0/24 [120/1] via 192.168.1.2, 00:00:24, FastEthernet0/24
R   192.168.20.0/24 [120/1] via 192.168.1.2, 00:00:24, FastEthernet0/24
R   192.168.21.0/24 [120/1] via 192.168.1.2, 00:00:24, FastEthernet0/24
R   192.168.22.0/24 [120/1] via 192.168.1.2, 00:00:24, FastEthernet0/24
R   192.168.23.0/24 [120/1] via 192.168.1.2, 00:00:24, FastEthernet0/24
R   192.168.24.0/24 [120/1] via 192.168.1.2, 00:00:24, FastEthernet0/24
R   192.168.25.0/24 [120/1] via 192.168.1.2, 00:00:24, FastEthernet0/24
R   192.168.26.0/24 [120/1] via 192.168.1.2, 00:00:24, FastEthernet0/24
R   192.168.27.0/24 [120/1] via 192.168.1.2, 00:00:24, FastEthernet0/24
C   192.168.28.0/24 [120/1] via 192.168.1.2, 00:00:24, FastEthernet0/24
R   192.168.29.0/24 [120/1] via 192.168.1.2, 00:00:24, FastEthernet0/24
R   192.168.30.0/24 [120/1] via 192.168.1.2, 00:00:24, FastEthernet0/24
R   192.168.31.0/24 [120/1] via 192.168.1.2, 00:00:24, FastEthernet0/24
R   192.168.32.0/24 [120/1] via 192.168.1.2, 00:00:24, FastEthernet0/24
R   192.168.33.0/24 [120/1] via 192.168.1.2, 00:00:24, FastEthernet0/24
R   192.168.34.0/24 [120/1] via 192.168.1.2, 00:00:24, FastEthernet0/24
R   192.168.35.0/24 [120/1] via 192.168.1.2, 00:00:24, FastEthernet0/24
R   192.168.36.0/24 [120/1] via 192.168.1.2, 00:00:24, FastEthernet0/24
R   192.168.37.0/24 [120/1] via 192.168.1.2, 00:00:24, FastEthernet0/24
R   192.168.38.0/24 [120/1] via 192.168.1.2, 00:00:24, FastEthernet0/24
C   192.168.100.0/24 is directly connected, FastEthernet0/1
S*  0.0.0.0/0 [1/0] via 192.168.2.2
```

（2）查看 SW3B 路由表，其内容如下所示。

```
C   192.168.1.0/24 is directly connected, FastEthernet0/24
```

```
R    192.168.2.0/24 [120/1] via 192.168.1.1, 00:00:01, FastEthernet0/24
C    192.168.11.0/24 is directly connected, Vlan11
C    192.168.12.0/24 is directly connected, Vlan12
C    192.168.13.0/24 is directly connected, Vlan13
C    192.168.14.0/24 is directly connected, Vlan14
C    192.168.15.0/24 is directly connected, Vlan15
C    192.168.16.0/24 is directly connected, Vlan16
C    192.168.17.0/24 is directly connected, Vlan17
C    192.168.18.0/24 is directly connected, Vlan18
C    192.168.19.0/24 is directly connected, Vlan19
C    192.168.20.0/24 is directly connected, Vlan20
C    192.168.21.0/24 is directly connected, Vlan21
C    192.168.22.0/24 is directly connected, Vlan22
C    192.168.23.0/24 is directly connected, Vlan23
C    192.168.24.0/24 is directly connected, Vlan24
C    192.168.25.0/24 is directly connected, Vlan25
C    192.168.26.0/24 is directly connected, Vlan26
C    192.168.27.0/24 is directly connected, Vlan27
C    192.168.28.0/24 is directly connected, Vlan28
C    192.168.29.0/24 is directly connected, Vlan29
C    192.168.30.0/24 is directly connected, Vlan30
C    192.168.31.0/24 is directly connected, Vlan31
C    192.168.32.0/24 is directly connected, Vlan32
C    192.168.33.0/24 is directly connected, Vlan33
C    192.168.34.0/24 is directly connected, Vlan34
C    192.168.35.0/24 is directly connected, Vlan35
C    192.168.36.0/24 is directly connected, Vlan36
C    192.168.37.0/24 is directly connected, Vlan37
C    192.168.38.0/24 is directly connected, Vlan38
R    192.168.100.0/24 [120/1] via 192.168.1.1, 00:00:01, FastEthernet0/24
S*   0.0.0.0/0 [1/0] via 192.168.1.1
```

（3）查看 R1 路由表，其内容如下所示。

```
     100.0.0.0/24 is subnetted, 1 subnets
C       100.1.1.0 is directly connected, Serial2/0
R    192.168.1.0/24 [120/1] via 192.168.2.1, 00:00:10, FastEthernet0/0
C    192.168.2.0/24 is directly connected, FastEthernet0/0
R    192.168.11.0/24 [120/2] via 192.168.2.1, 00:00:10, FastEthernet0/0
R    192.168.12.0/24 [120/2] via 192.168.2.1, 00:00:10, FastEthernet0/0
R    192.168.13.0/24 [120/2] via 192.168.2.1, 00:00:10, FastEthernet0/0
R    192.168.14.0/24 [120/2] via 192.168.2.1, 00:00:10, FastEthernet0/0
R    192.168.15.0/24 [120/2] via 192.168.2.1, 00:00:10, FastEthernet0/0
R    192.168.16.0/24 [120/2] via 192.168.2.1, 00:00:10, FastEthernet0/0
R    192.168.17.0/24 [120/2] via 192.168.2.1, 00:00:10, FastEthernet0/0
R    192.168.18.0/24 [120/2] via 192.168.2.1, 00:00:10, FastEthernet0/0
```

```
R    192.168.19.0/24 [120/2] via 192.168.2.1, 00:00:10, FastEthernet0/0
R    192.168.20.0/24 [120/2] via 192.168.2.1, 00:00:10, FastEthernet0/0
R    192.168.21.0/24 [120/2] via 192.168.2.1, 00:00:10, FastEthernet0/0
R    192.168.22.0/24 [120/2] via 192.168.2.1, 00:00:10, FastEthernet0/0
R    192.168.23.0/24 [120/2] via 192.168.2.1, 00:00:10, FastEthernet0/0
R    192.168.24.0/24 [120/2] via 192.168.2.1, 00:00:10, FastEthernet0/0
R    192.168.25.0/24 [120/2] via 192.168.2.1, 00:00:10, FastEthernet0/0
R    192.168.26.0/24 [120/2] via 192.168.2.1, 00:00:10, FastEthernet0/0
R    192.168.27.0/24 [120/2] via 192.168.2.1, 00:00:10, FastEthernet0/0
R    192.168.28.0/24 [120/2] via 192.168.2.1, 00:00:10, FastEthernet0/0
R    192.168.29.0/24 [120/2] via 192.168.2.1, 00:00:10, FastEthernet0/0
R    192.168.30.0/24 [120/2] via 192.168.2.1, 00:00:10, FastEthernet0/0
R    192.168.31.0/24 [120/2] via 192.168.2.1, 00:00:10, FastEthernet0/0
R    192.168.32.0/24 [120/2] via 192.168.2.1, 00:00:10, FastEthernet0/0
R    192.168.33.0/24 [120/2] via 192.168.2.1, 00:00:10, FastEthernet0/0
R    192.168.34.0/24 [120/2] via 192.168.2.1, 00:00:10, FastEthernet0/0
R    192.168.35.0/24 [120/2] via 192.168.2.1, 00:00:10, FastEthernet0/0
R    192.168.36.0/24 [120/2] via 192.168.2.1, 00:00:10, FastEthernet0/0
R    192.168.37.0/24 [120/2] via 192.168.2.1, 00:00:10, FastEthernet0/0
R    192.168.38.0/24 [120/2] via 192.168.2.1, 00:00:10, FastEthernet0/0
R    192.168.100.0/24 [120/1] via 192.168.2.1, 00:00:10, FastEthernet0/0
S*   0.0.0.0/0 [1/0] via 100.1.1.2
```

其中，C 开头表示直连路由，R 开头表示 RIP 动态路由，S*开头表示缺省路由。

拓展练习

配置 RIP 实现全网互通，PC 之间能够相互访问。

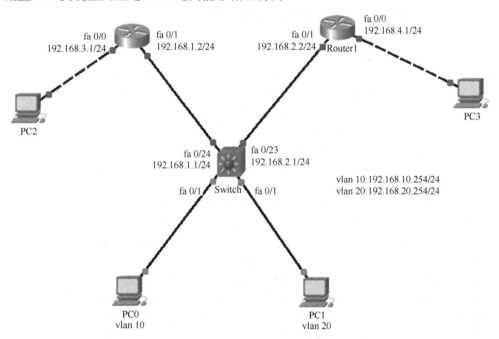

任务十四 配置 OSPF 动态路由

任务目标

如图 3-3-67 所示，使用 OSPF 动态路由技术，实现信息技术实训楼与校园网络的互通。

知识准备

1. OSPF 路由

OSPF（Open Shortest Path First，开放式最短路径优先）是基于链路状态的路由协议，是一种内部网关协议，用于在单一的自治系统内决策路由，可以用于大型网络。

2. OSPF 区域

为了适应大型网络，OSPF 在自治系统内划分了多个区域（Area），以减小链路状态数据库的大小，降低路径计算的系统资源开销，减少路由表项数。

单区域 OSPF 的配置命令如下：

```
Router (config)# router ospf X          //其中 X 表示 OSPF 的进程编号
Router (config-router)# network 直连网段 反子网掩码 area X
                                        //宣告直连网段信息及所属 area 区域
```

任务实施

（1）配置信息技术三层交换机 SW3B，其配置命令如下。

```
SW3B (config)# router ospf 1
SW3B (config-router)# network 192.168.11.0 0.0.0.255 area 0
SW3B (config-router)# network 192.168.12.0 0.0.0.255 area 0
SW3B (config-router)# network 192.168.13.0 0.0.0.255 area 0
SW3B (config-router)# network 192.168.14.0 0.0.0.255 area 0
SW3B (config-router)# network 192.168.15.0 0.0.0.255 area 0
SW3B (config-router)# network 192.168.16.0 0.0.0.255 area 0
SW3B (config-router)# network 192.168.17.0 0.0.0.255 area 0
SW3B (config-router)# network 192.168.18.0 0.0.0.255 area 0
SW3B (config-router)# network 192.168.19.0 0.0.0.255 area 0
SW3B (config-router)# network 192.168.20.0 0.0.0.255 area 0
SW3B (config-router)# network 192.168.21.0 0.0.0.255 area 0
SW3B (config-router)# network 192.168.22.0 0.0.0.255 area 0
SW3B (config-router)# network 192.168.23.0 0.0.0.255 area 0
SW3B (config-router)# network 192.168.24.0 0.0.0.255 area 0
SW3B (config-router)# network 192.168.25.0 0.0.0.255 area 0
SW3B (config-router)# network 192.168.26.0 0.0.0.255 area 0
```

```
SW3B (config-router)# network 192.168.27.0 0.0.0.255 area 0
SW3B (config-router)# network 192.168.28.0 0.0.0.255 area 0
SW3B (config-router)# network 192.168.29.0 0.0.0.255 area 0
SW3B (config-router)# network 192.168.30.0 0.0.0.255 area 0
SW3B (config-router)# network 192.168.31.0 0.0.0.255 area 0
SW3B (config-router)# network 192.168.32.0 0.0.0.255 area 0
SW3B (config-router)# network 192.168.33.0 0.0.0.255 area 0
SW3B (config-router)# network 192.168.34.0 0.0.0.255 area 0
SW3B (config-router)# network 192.168.35.0 0.0.0.255 area 0
SW3B (config-router)# network 192.168.36.0 0.0.0.255 area 0
SW3B (config-router)# network 192.168.37.0 0.0.0.255 area 0
SW3B (config-router)# network 192.168.38.0 0.0.0.255 area 0
SW3B (config-router)# network 192.168.1.0 0.0.0.255 area 0
```

（2）配置学校三层交换机 SW3A，其配置命令如下。

```
SW3A (config)# router ospf 1
SW3A (config-router)# network 192.168.1.0 0.0.0.255 area 0
SW3A (config-router)# network 192.168.2.0 0.0.0.255 area 0
SW3A (config-router)# network 192.168.100.0 0.0.0.255 area 0
```

（3）配置学校路由器 R1，其配置命令如下。

```
R1 (config)# router ospf 1
R1 (config-router)# network 192.168.2.0 0.0.0.255 area 0
```

成果展示

（1）查看 SW3A 路由表，其内容如下所示。

```
C    192.168.1.0/24 is directly connected, FastEthernet0/24
C    192.168.2.0/24 is directly connected, FastEthernet0/23
O    192.168.11.0/24 [110/2] via 192.168.1.2, 00:02:14, FastEthernet0/24
O    192.168.12.0/24 [110/2] via 192.168.1.2, 00:02:14, FastEthernet0/24
O    192.168.13.0/24 [110/2] via 192.168.1.2, 00:02:14, FastEthernet0/24
O    192.168.14.0/24 [110/2] via 192.168.1.2, 00:02:14, FastEthernet0/24
O    192.168.15.0/24 [110/2] via 192.168.1.2, 00:02:14, FastEthernet0/24
O    192.168.16.0/24 [110/2] via 192.168.1.2, 00:02:14, FastEthernet0/24
O    192.168.17.0/24 [110/2] via 192.168.1.2, 00:02:14, FastEthernet0/24
O    192.168.18.0/24 [110/2] via 192.168.1.2, 00:02:14, FastEthernet0/24
O    192.168.19.0/24 [110/2] via 192.168.1.2, 00:02:14, FastEthernet0/24
O    192.168.20.0/24 [110/2] via 192.168.1.2, 00:02:14, FastEthernet0/24
O    192.168.21.0/24 [110/2] via 192.168.1.2, 00:02:14, FastEthernet0/24
O    192.168.22.0/24 [110/2] via 192.168.1.2, 00:02:14, FastEthernet0/24
O    192.168.23.0/24 [110/2] via 192.168.1.2, 00:02:14, FastEthernet0/24
O    192.168.24.0/24 [110/2] via 192.168.1.2, 00:02:14, FastEthernet0/24
O    192.168.25.0/24 [110/2] via 192.168.1.2, 00:02:14, FastEthernet0/24
O    192.168.26.0/24 [110/2] via 192.168.1.2, 00:02:14, FastEthernet0/24
O    192.168.27.0/24 [110/2] via 192.168.1.2, 00:02:14, FastEthernet0/24
```

```
O    192.168.28.0/24 [110/2] via 192.168.1.2, 00:02:14, FastEthernet0/24
O    192.168.29.0/24 [110/2] via 192.168.1.2, 00:02:14, FastEthernet0/24
O    192.168.30.0/24 [110/2] via 192.168.1.2, 00:02:14, FastEthernet0/24
O    192.168.31.0/24 [110/2] via 192.168.1.2, 00:02:14, FastEthernet0/24
O    192.168.32.0/24 [110/2] via 192.168.1.2, 00:02:14, FastEthernet0/24
O    192.168.33.0/24 [110/2] via 192.168.1.2, 00:02:14, FastEthernet0/24
O    192.168.34.0/24 [110/2] via 192.168.1.2, 00:02:14, FastEthernet0/24
O    192.168.35.0/24 [110/2] via 192.168.1.2, 00:02:14, FastEthernet0/24
O    192.168.36.0/24 [110/2] via 192.168.1.2, 00:02:14, FastEthernet0/24
O    192.168.37.0/24 [110/2] via 192.168.1.2, 00:02:14, FastEthernet0/24
O    192.168.38.0/24 [110/2] via 192.168.1.2, 00:02:14, FastEthernet0/24
C    192.168.100.0/24 is directly connected, FastEthernet0/1
O*E2 0.0.0.0/0 [110/1] via 192.168.2.2, 00:01:20, FastEthernet0/23
```

（2）查看 SW3B 路由表，其内容如下所示。

```
C    192.168.1.0/24 is directly connected, FastEthernet0/24
O    192.168.2.0/24 [110/2] via 192.168.1.1, 00:00:33, FastEthernet0/24
C    192.168.11.0/24 is directly connected, Vlan11
C    192.168.12.0/24 is directly connected, Vlan12
C    192.168.13.0/24 is directly connected, Vlan13
C    192.168.14.0/24 is directly connected, Vlan14
C    192.168.15.0/24 is directly connected, Vlan15
C    192.168.16.0/24 is directly connected, Vlan16
C    192.168.17.0/24 is directly connected, Vlan17
C    192.168.18.0/24 is directly connected, Vlan18
C    192.168.19.0/24 is directly connected, Vlan19
C    192.168.20.0/24 is directly connected, Vlan20
C    192.168.21.0/24 is directly connected, Vlan21
C    192.168.22.0/24 is directly connected, Vlan22
C    192.168.23.0/24 is directly connected, Vlan23
C    192.168.24.0/24 is directly connected, Vlan24
C    192.168.25.0/24 is directly connected, Vlan25
C    192.168.26.0/24 is directly connected, Vlan26
C    192.168.27.0/24 is directly connected, Vlan27
C    192.168.28.0/24 is directly connected, Vlan28
C    192.168.29.0/24 is directly connected, Vlan29
C    192.168.30.0/24 is directly connected, Vlan30
C    192.168.31.0/24 is directly connected, Vlan31
C    192.168.32.0/24 is directly connected, Vlan32
C    192.168.33.0/24 is directly connected, Vlan33
C    192.168.34.0/24 is directly connected, Vlan34
C    192.168.35.0/24 is directly connected, Vlan35
C    192.168.36.0/24 is directly connected, Vlan36
C    192.168.37.0/24 is directly connected, Vlan37
C    192.168.38.0/24 is directly connected, Vlan38
```

```
O    192.168.100.0/24 [110/2] via 192.168.1.1, 00:01:31, FastEthernet0/24
O*E2 0.0.0.0/0 [110/1] via 192.168.1.1, 00:00:33, FastEthernet0/24
```

（3）查看 R1 路由表，其内容如下所示。

```
100.0.0.0/24 is subnetted, 1 subnets
C       100.1.1.0 is directly connected, Serial2/0
O    192.168.1.0/24 [110/2] via 192.168.2.1, 00:02:39, FastEthernet0/0
C    192.168.2.0/24 is directly connected, FastEthernet0/0
O    192.168.11.0/24 [110/3] via 192.168.2.1, 00:02:39, FastEthernet0/0
O    192.168.12.0/24 [110/3] via 192.168.2.1, 00:02:39, FastEthernet0/0
O    192.168.13.0/24 [110/3] via 192.168.2.1, 00:02:39, FastEthernet0/0
O    192.168.14.0/24 [110/3] via 192.168.2.1, 00:02:39, FastEthernet0/0
O    192.168.15.0/24 [110/3] via 192.168.2.1, 00:02:39, FastEthernet0/0
O    192.168.16.0/24 [110/3] via 192.168.2.1, 00:02:39, FastEthernet0/0
O    192.168.17.0/24 [110/3] via 192.168.2.1, 00:02:39, FastEthernet0/0
O    192.168.18.0/24 [110/3] via 192.168.2.1, 00:02:39, FastEthernet0/0
O    192.168.19.0/24 [110/3] via 192.168.2.1, 00:02:39, FastEthernet0/0
O    192.168.20.0/24 [110/3] via 192.168.2.1, 00:02:39, FastEthernet0/0
O    192.168.21.0/24 [110/3] via 192.168.2.1, 00:02:39, FastEthernet0/0
O    192.168.22.0/24 [110/3] via 192.168.2.1, 00:02:39, FastEthernet0/0
O    192.168.23.0/24 [110/3] via 192.168.2.1, 00:02:39, FastEthernet0/0
O    192.168.24.0/24 [110/3] via 192.168.2.1, 00:02:39, FastEthernet0/0
O    192.168.25.0/24 [110/3] via 192.168.2.1, 00:02:39, FastEthernet0/0
O    192.168.26.0/24 [110/3] via 192.168.2.1, 00:02:39, FastEthernet0/0
O    192.168.27.0/24 [110/3] via 192.168.2.1, 00:02:39, FastEthernet0/0
O    192.168.28.0/24 [110/3] via 192.168.2.1, 00:02:39, FastEthernet0/0
O    192.168.29.0/24 [110/3] via 192.168.2.1, 00:02:39, FastEthernet0/0
O    192.168.30.0/24 [110/3] via 192.168.2.1, 00:02:39, FastEthernet0/0
O    192.168.31.0/24 [110/3] via 192.168.2.1, 00:02:39, FastEthernet0/0
O    192.168.32.0/24 [110/3] via 192.168.2.1, 00:02:39, FastEthernet0/0
O    192.168.33.0/24 [110/3] via 192.168.2.1, 00:02:39, FastEthernet0/0
O    192.168.34.0/24 [110/3] via 192.168.2.1, 00:02:39, FastEthernet0/0
O    192.168.35.0/24 [110/3] via 192.168.2.1, 00:02:39, FastEthernet0/0
O    192.168.36.0/24 [110/3] via 192.168.2.1, 00:02:39, FastEthernet0/0
O    192.168.37.0/24 [110/3] via 192.168.2.1, 00:02:39, FastEthernet0/0
O    192.168.38.0/24 [110/3] via 192.168.2.1, 00:02:39, FastEthernet0/0
O    192.168.100.0/24 [110/2] via 192.168.2.1, 00:02:39, FastEthernet0/0
S*   0.0.0.0/0 [1/0] via 100.1.1.2
```

其中，C 开头表示直连路由，O 开头表示 OSPF 动态路由，S*开头表示缺省路由。

🎯 拓展练习

配置多区域的 OSPF 动态路由，实现全网互通，PC0 和 PC1 能够相互访问。

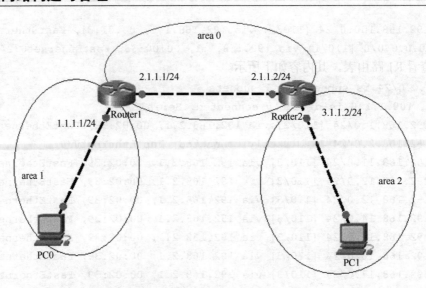

任务十五 接入 Internet

任务目标

如图 3-3-67 所示，配置 CHAP，实现学校路由与电信路由的互通。

知识准备

1．DCE

DCE（Data Circuit-terminating Equipment，数据通信设备）提供了到网络的一条物理连接，同时提供了一个用于同步 DCE 和 DTE 设备之间传输数据的时钟信号。

2．DTE

DTE（Data Terminal Equipment，数据终端设备）是需要连接网络的设备，如计算机、路由器等。

3．HDLC

HDLC（High-Level Data Link Control，高级数据链路控制）协议是一个在同步网上传输数据、面向比特的数据链路层协议。

4．PPP

PPP（Point-to-Point Protocol，点到点协议）是为在同等单元之间传输数据包这样的简单链路设计的链路层协议。它支持 PAP 和 CHAP 两种认证协议。

5. PAP 认证

PAP（Password Authentication Protocol，密码验证协议）通过两次握手机制，为建立远程节点的验证提供了一个简单的方法。PAP 不是一种健壮的身份验证协议，其身份验证时在链路上以明文发送，而且由于验证重试的频率和次数由远程节点来控制，因此不能防止回放攻击和重复的尝试攻击。

PAP 的配置命令如下所示。

验证方：

```
R1(config)# username 用户名 password 0/7 密码
                         //设置验证方的用户名及密码，其中 0 表示明文、7 表示密文
R1 (config)# interface serial a/b      //进入串行接口，其中 a/b 为接口号
R1 (config-if)# encapsulation PPP      //封装 PPP 协议
R1 (config-if)# ppp authentication pap //设置 PAP 验证方式
```

被验证方：

```
R2 (config)# interface serial a/b      //进入串行接口，其中 a/b 为接口号
R2 (config-if)# encapsulation PPP      //封装 PPP 协议
R2 (config-if)# ppp pap sent-username 用户名 password 0/7 密码
                  //设置被验证方发送用户名密码进行验证，注意要与验证方用户名密码一致
```

6. CHAP 认证

CHAP（Challenge Hand Authentication Protocol，访问握手认证协议）使用三次握手机制来启动一条链路和周期性地验证远程节点。由于 CHAP 在网络上传送用户名而不传送口令，因此安全性比 PAP 更高。

CHAP 的配置命令如下所示。

验证方：

```
R1(config)# username 对方设备名称 password 0/7 密码
                     //设置验证方的用户名及密码，注意验证方与被验证方密码一致
R1 (config)# interface serial a/b          //进入串行接口，其中 a/b 为接口号
R1 (config-if)# encapsulation PPP          //封装 PPP 协议
R1 (config-if)# ppp authentication chap    //设置 CHAP 验证方式
```

被验证方：

```
R1(config)# username 对方设备名称 password 0/7 密码
                     //设置验证方的用户名及密码，注意验证方与被验证方密码一致
R2 (config)# interface serial a/b          //进入串行接口，其中 a/b 为接口号
R2 (config-if)# encapsulation PPP          //封装 PPP 协议
R2 (config-if)# ppp authentication chap    //设置 CHAP 验证方式
```

🔧 任务实施

（1）配置学校路由器 R1（DTE 端），其命令如下：

```
R1 (config)# username R2 password 0 123
R1 (config)# interface serial 2/0
R1 (config-if)# encapsulation PPP
```

```
R1 (config-if)# ppp authentication chap
```

（2）配置电信路由器 R2（DCE 端），其命令如下：

```
R2 (config)# username R1 password 0 123
R2 (config)# interface  serial  2/0
R2 (config-if)# clock rate 2000000
R2 (config-if)# encapsulation PPP
R2 (config-if)# ppp authentication chap
```

成果展示

配置完成后用 ping 命令测试，在路由器 R1 上 ping 对端接口 IP 地址，结果如下所示。

```
R1#ping 100.1.1.2
Type escape sequence to abort.
Sending 5, 100-byte ICMP Echos to 100.1.1.2, timeout is 2 seconds:
!!!!!
Success rate is 100 percent (5/5), round-trip min/avg/max = 1/2/3 ms
```

在路由器 R2 上 ping 对端接口 IP 地址，结果如下所示。

```
R2#ping 100.1.1.1
Type escape sequence to abort.
Sending 5, 100-byte ICMP Echos to 100.1.1.1, timeout is 2 seconds:
!!!!!
Success rate is 100 percent (5/5), round-trip min/avg/max = 1/2/5 ms
```

拓展练习

配置 PAP，用户名为 admin，密码为 test123，实现 R1 与 R2 的连接。

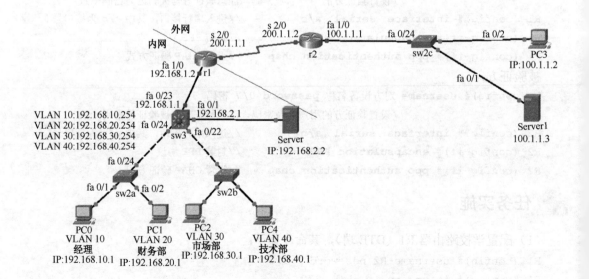

 配置动态 NAT

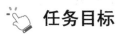 任务目标

如图 3-3-67 所示,配置动态 NAT,使学校内网通过 100.1.1.3 公网地址访问 Internet。

知识准备

1. NAT

网络地址转换(Network Address Translation,NAT)是一种把内部私有 IP 地址转换成合法公网 IP 地址的技术,以解决 IPv4 地址枯竭的问题。

2. 网络地址转换 NAT 分类

根据 NAT 使用的方式可以分为以下几种。

(1)静态 NAT:按照一一对应的方式将每个内部 IP 地址转换为一个外部 IP 地址,这种方式一般用于将内网服务器提供给外网用户访问。

(2)动态 NAT:将一个内部 IP 地址转换为一组外部 IP 地址(地址池)中的一个 IP 地址,这种方式一般用于内网访问外网。

(3)端口复用 NAT:将多个私有地址映射到一个或者几个公有地址上,利用不同端口号跟踪每个私有地址,也称为 PAT、NAPT 或 NAT 重载。

3. 配置 NAPT

NAPT 的配置命令如下:

```
R1(config)# interface 接口名称              //进入接口
R1(config-if)# ip nat  inside/outside       //定义内网、外网接口
R1(config)# ip access-list standard 名称    //定义标准的访问控制列表
R1(config-std-nacl)#permit any              //定义需要访问外网的 IP 地址段
R1(config)# ip nat pool 名称 开始IP 结束IP netmask 子网掩码
                                            //定义需要转换成的公网地址池
R1(config)# ip nat inside source list 访问控制列表名称  pool 地址池名称 overload
              //将需要访问外网的访问控制列表和公网地址池做重载映射
R1# show ip nat translations                //查看 NAT 映射表
```

任务实施

第一步:在路由器 R1 上定义内外网接口。其配置命令如下。

```
R1(config)# interface FastEthernet0/0       //进入 fa0/0 接口
R1(config-if)# ip nat inside                 //将 fa0/0 接口设置为内网口
R1(config-if)# exit
```

```
R1(config)# interface Serial 2/0                    //进入 S 2/0 接口
R1(config-if)# ip nat outside                       //将 S 2/0 接口设置为外网口
```

第二步：定义需要访问外网的数据。其配置命令如下。

```
R1(config)#ip access-list standard neiwang   //创建名称为neiwang的访问控制列表
R1(config-std-nacl)# permit any   //定义允许any（所有网段）访问外网规则
```

第三步：创建公网的地址池。其配置命令如下。

```
R1(config)# ip nat pool waiwang 100.1.1.3 100.1.1.3 netmask 255.255.255.0
            //创建名称为waiwang的公网地址池，其中存放100.1.1.3公网地址
```

第四步：建立动态 NAT 的地址映射。其配置命令如下。

```
R1(config)# ip nat inside source list neiwang pool waiwang overload
            //将neiwang私有地址和waiwang公有地址建立映射并且重载
```

 成果展示

在内网 PC 访问外网服务器后，查看 NAT 映射表。NAT 映射表内容如下所示。

```
R1#show ip nat translations
Pro    Inside global        Inside local          Outside local         Outside global
tcp    100.1.1.3:1030       192.168.11.1:1030     101.1.1.2:80          101.1.1.2:80
```

 拓展练习

通过配置 NPAT 使内网用户能够访问外网服务器 Server1。

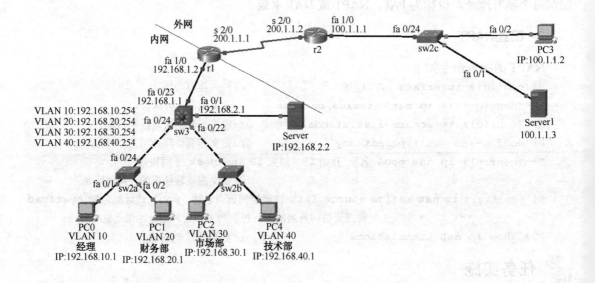

任务十七 配置静态 NAT

任务目标

配置静态 NAT，使外网用户能够访问学校的网站。

知识准备

静态 NAT 的配置命令如下：

```
R1(config)# interface 接口名称              //进入接口
R1(config-if)# ip nat  inside/outside     //定义内网、外网接口
R1(config)# ip nat inside source static 协议  内网服务器私有地址 端口号   外网公
网地址 端口号            //将内网私有地址（及端口号）静态映射为外网公有地址（及端口号）
R1# show ip nat translations             //查看 NAT 映射表
```

任务实施

第一步：在 R1 上定义内外网接口。其配置命令如下。

```
R1(config)# interface FastEthernet0/0  //进入 fa0/0 接口
R1(config-if)# ip nat inside           //将 fa0/0 接口设置为内网口
R1(config-if)# exit
R1(config)# interface Serial 2/0       //进入 S 2/0 接口
R1(config-if)# ip nat outside          //将 S 2/0 接口设置为外网口
```

第二步：建立静态 NAT 的地址映射。其配置命令如下。

```
R1(config)# ip nat inside source static tcp 192.168.100.1 80 100.1.1.1 80
     //内网服务器私有地址的 80 端口与外网公网地址的 80 端口建立映射
```

成果展示

在内网 PC 访问外网服务器后，查看 NAT 映射表。NAT 映射表内容如下所示。

```
R1#show ip nat translations
Pro     Inside global      Inside local        Outside local        Outside global
tcp     100.1.1.1:80       192.168.100.1:80    ---                  ---
```

拓展练习

通过配置静态 NAT，使内网服务器的 Web 和 FTP 能够被外网访问，其网络拓扑图如下图所示。

241

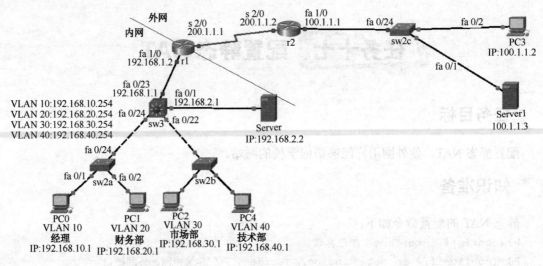

单元四

园区网络测试

 **Fluck 光纤测试**

任务目标

使用红光笔测试光纤的通断情况，使用Fluck多模光纤测试仪（GB 50312—2007 Fiber Link 标准）测试园区网络楼层子系统到设备间子系统、建筑群子系统的光纤损耗。

知识准备

1. 光纤损耗

光信号经光纤传输后，由于吸收、散射等原因引起的光功率减小。光纤损耗是光纤传输的重要指标，对光纤通信的传输距离有决定性的影响。

2. Fluck DTX-1800-MFM2

Fluck DTX-1800-MFM2 测试仪用于测量多模光纤，如图3-4-1所示。

图3-4-1　Fluck DTX-1800-MFM2 测试仪

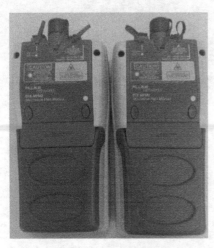

图 3-4-2　插入测试模块

任务实施

第一步：插入测试模块。

在设备上插入测试模块，如图 3-4-2 所示。

第二步：选择测试标准。

打开设备，将旋钮调到"SETUP"，选择"光纤损耗"选项，在"测试极限值"中选择"更多测试极限值"选项，选择"China"选项中的"GB 50312—2007 Fiber Link"标准，如图 3-4-3 所示。

图 3-4-3　选择测试标准

图 3-4-4　测试结果

第三步：完成测试。

对光纤跳线进行校准后将光纤跳线连接到光纤口。将旋钮调到"AUTO TEST"处，按"TEST"按钮，完成测试，导出结果。

成果展示

测试结果如图 3-4-4 所示。

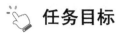 **任务二** 编写测试报告

任务目标

根据本项目单元三"401"、"402"、"501"、"502"四个区域在实训木墙上的综合布线模拟，编写这些区域的测试报告。

任务实施

针对本单元任务一测试的方法和结果，按照表3-4-1所示的格式填写测试报告。

表3-4-1 链路状况测试报告

项 目 名 称		测 试 人 员		
	检查内容	合格	不合格	备注
双绞线电缆 测试结果				
光纤 测试结果				
反馈意见				
			年　月　日	

园区网络管理与维护

任务一 域用户管理

任务目标

（1）为信息技术系教师和学生创建用户、用户组、组织单位。其详细要求如表 3-5-1 所示。

表 3-5-1 用户、用户组和组织单位表

类 型	组织单位	全 局 组	用 户
教师	教师	teachers	teacher
学生	学生	students	student

（2）创建校长和管理员 2 个账户，账户名分别为 principal、manager，为 2 个账户赋予域管理员权限。

（3）所有域用户在首次登录时需要修改口令，采用复杂密码，密码长度最小为 8 位，密码最长存留其为 30 天，账户锁定阈值为 5 次，如果超过阈值则需要锁定 30 分钟。

任务实施

实施步骤省略。

成果展示

（1）创建组织单位、用户组及用户，结果如图 3-5-1 所示。

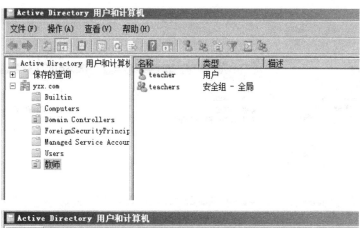

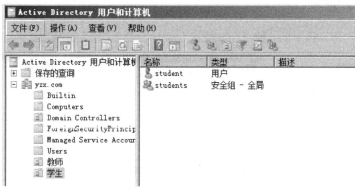

图 3-5-1　组织单位、用户、用户组创建结果

（2）赋予 principal、manager 管理员权限，结果如图 3-5-2 所示。

图 3-5-2　赋予管理员权限

（3）设置账户密码和锁定策略，结果如图 3-5-3 所示。

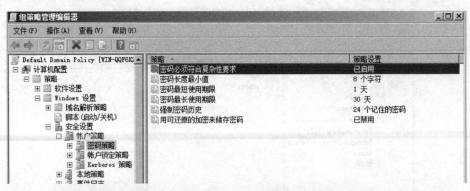

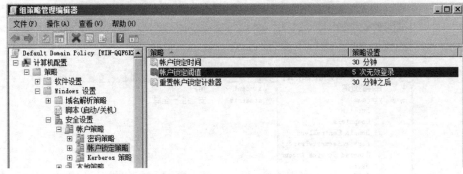

图 3-5-3　设置账户密码和锁定策略

任务目标

如图 3-5-4 所示，通过配置标准 ACL，禁止实训室 201 访问 101。

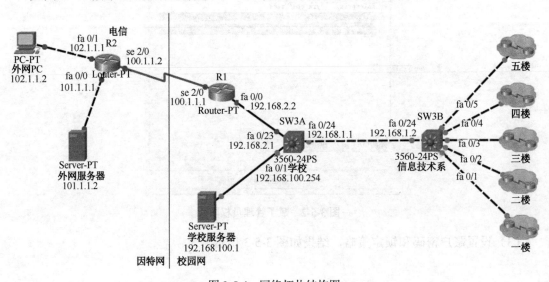

图 3-5-4　网络拓扑结构图

知识准备

1. 访问控制列表

访问控制列表是应用在三层网络接口上的指令列表（或安全策略），这些指令列表用来告诉路由器哪些数据包可以接收、哪些数据包需要拒绝。

2. 访问控制列表相关名词

允许（permit）：允许符合条件的数据包通过。

拒绝（deny）：拒绝符合条件的数据包通过。

源 IP 地址：发送出数据包的 IP 地址。

目的 IP 地址：想要到达的 IP 地址。

端口号：指逻辑意义上用于区分服务的端口。如 TCP/IP 协议中的服务端口，端口号的范围从 0～65535。

入站：数据通过接口进入设备的方向为入站。

出站：数据通过接口从设备发送出的方向为出站。

3. 标准 ACL

标准 ACL 根据数据包的源 IP 地址来允许或拒绝数据包。标准访问控制列表的访问控制列表号是 1～99。

标准 ACL 配置有两种方式，命令如下所示。

第一种：基于编号。

```
Router(config)# access-list 编号 (1~99) permit /deny 源地址 反子网掩码
                                    //创建基于编号的标准 ACL，同时定义规则
Router (config)# interface 接口    //进入需要应用 ACL 的接口
Router (config-if)# ip access-group 编号 (1~99) in / out //做入站或出站应用
```

第二种：基于名称。

```
Router(config)# ip access-list standard 名称        //创建基于名称的标准 ACL
Router(config-std-nacl)# permit /deny 源地址 反子网掩码  //定义规则
Router (config)# interface 接口                     //进入需要应用 ACL 的接口
Router (config-if)# ip access-group 名称 in / out   //做入站或出站应用
```

任务实施

在信息技术实训楼三层交换机 SW3B 上进行配置。

第一步：创建标准 ACL。其配置命令如下。

```
SW3B (config)# ip access-list standard 201-101  //创建名称为 201-101 的标准 ACL
SW3B (config-std-nacl)#deny 192.168.17.0 0.0.0.255 //拒绝 201 实训室的数据
SW3B (config-std-nacl)#permit any
```

ACL 执行规则：执行顺序从上到下，条件匹配就执行允许或者拒绝，若所有条件都不匹配，就执行隐含条件（deny any，拒绝所有数据通过）。

第二步：在接口上应用标准 ACL。其配置命令如下。

```
SW3B (config)# interface Vlan 11            //进入要应用标准 ACL 的端口
SW3B (config)# ip access-group 201-101  out //做出站应用
```

成果展示

配置完成后，实训室 201 的计算机无法 ping 通 101 的计算机，其他实训室能够 ping 通 101 的计算机，这里使用实训室 201 和 202 计算机做测试，结果如图 3-5-5 所示。

```
PC>ping 192.168.11.1

Pinging 192.168.11.1 with 32 bytes of data:

Reply from 192.168.17.254: Destination host unreachable.
Reply from 192.168.17.254: Destination host unreachable.
Reply from 192.168.17.254: Destination host unreachable.
Reply from 192.168.17.254: Destination host unreachable.

Ping statistics for 192.168.11.1:
    Packets: Sent = 4, Received = 0, Lost = 4 (100% loss),
```

```
PC>ping 192.168.11.1

Pinging 192.168.11.1 with 32 bytes of data:

Reply from 192.168.11.1: bytes=32 time=1ms TTL=127
Reply from 192.168.11.1: bytes=32 time=0ms TTL=127
Reply from 192.168.11.1: bytes=32 time=0ms TTL=127
Reply from 192.168.11.1: bytes=32 time=1ms TTL=127

Ping statistics for 192.168.11.1:
    Packets: Sent = 4, Received = 4, Lost = 0 (0% loss),
Approximate round trip times in milli-seconds:
    Minimum = 0ms, Maximum = 1ms, Average = 0ms
```

图 3-5-5　标准 ACL 测试结果

拓展练习

对学校网络的数据流量进行控制，要求校长计算机可以访问财务部的主机，但教师计算机不可以访问。网络拓扑图如 3-5-6 所示。

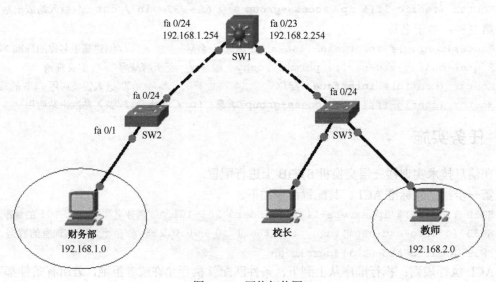

图 3-5-6　网络拓扑图

任务三 扩展 ACL

👆 任务目标

如图 3-5-6 所示，通过配置扩展 ACL，使实训楼所有实训室只能访问学校服务器的 Web、FTP、DHCP 服务。

⟳ 知识准备

1. 常用端口号

HTTP：TCP 的 80 端口。

HTTPS：TCP 的 443 端口、UDP 的 443 端口。

FTP：TCP 的 20、21 端口。

Telnet：TCP 的 23 端口。

SSH：TCP 的 22 端口。

SMTP：TCP 的 25 端口。

POP3：TCP 的 110 端口。

DHCP：UDP 的 67、68 端口。

2. 扩展 ACL

扩展 ACL 是一种更精确的控制，根据数据包的源 IP 地址、目的 IP 地址、指定协议、端口和标志，来允许或拒绝数据包。扩展访问控制列表的访问控制列表号是 100～199。

扩展 ACL 配置有两种方式，命令所示。

第一种：基于编号。

```
Router(config)# access-list 编号（100～199）    permit /deny    协议
(TCP/UDP/ICMP/IP) 源地址 反子网掩码 源端口号 目的地址·反子网掩码 目的端口号
                              //创建基于编号的扩展 ACL，同时定义规则
Router (config)# interface 接口    //进入需要应用 ACL 的接口
Router (config-if)# ip access-group 编号(100～199) in / out
                              //做入站或出站应用
```

第二种：基于名称。

```
Router(config)# ip access-list extended 名称      //创建基于名称的扩展 ACL
Router(config-std-nacl)# permit /deny 协议 (TCP/UDP/ICMP/IP) 源地址
反子网掩码 源端口号 目的地址 反子网掩码 目的端口号      //定义规则
Router (config)# interface 接口 //进入需要应用 ACL 的接口
Router (config-if)# ip access-group 名称 in / out  //做入站或出站应用
```

Ⓐ 任务实施

在学校三层交换机 SW3A 上进行配置。

第一步：创建扩展 ACL。其配置命令如下所示。

以配置 101 实训室为例：

```
SW3A (config)# ip access-list extended  server    //创建名称为 server 的扩展 ACL
SW3A (config-std-nacl)# permit  TCP  192.168.11.0  0.0.0.255  192.168.100.0
0.0.0.255 eq 80                        //允许 101 实训室访问学校服务器的 Web 服务
SW3A (config-std-nacl)# permit  TCP  192.168.11.0  0.0.0.255  192.168.100.0
0.0.0.255 eq 20
SW3A (config-std-nacl)# permit  TCP  192.168.11.0  0.0.0.255  192.168.100.0
0.0.0.255 eq 21                        //允许 101 实训室访问学校服务器的 FTP 服务
SW3A(config-std-nacl)#  permit  UDP  192.168.11.0  0.0.0.255  192.168.100.0
0.0.0.255 eq 67
SW3A (config-std-nacl)# permit  UDP  192.168.11.0  0.0.0.255  192.168.100.0
0.0.0.255 eq 68                        //允许 101 实训室访问学校服务器的 DHCP 服务
```

第二步：在接口上应用标准 ACL。其配置命令如下。

```
SW3A(config)# interface fa0/1                  //进入要应用标准 ACL 的端口
SW3A (config)# ip access-group server  out     //做出站应用
```

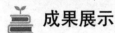 成果展示

配置完成后，实训室 101 的计算机只能打开服务器的 Web、FTP 服务，以及获取 IP 地址，使用 ping 命令无法 ping 通服务器。

拓展练习

通过配置扩展 ACL 实现：市场部不能访问公司服务器上的 Web 服务；人事部不能访问公司服务器上的 FTP 服务。

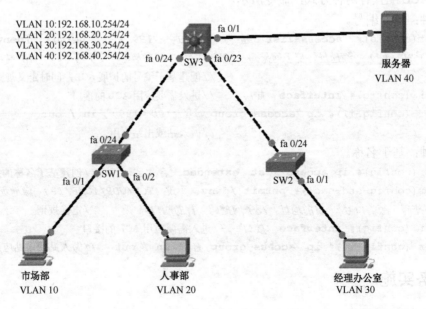